Wissenschaftliche Taschenbücher WTB

Biologie

Heinz Geiler

Ökologie der Land- und Süßwassertiere

Akademie-Verlag · Berlin
Pergamon Press · Oxford
Vieweg + Sohn · Braunschweig

WTB Wissenschaftliche Taschenbücher

ROLF BORSDORF/MANFRED SCHOLZ
Spektroskopische Methoden in der organischen Chemie

WERNER HABERDITZL
Magnetochemie

GERHARD HEBER
Mathematische Hilfsmittel der Physik, Teil I und II

A. A. SOKOLOW
Elementarteilchen

HEINZ AHRENS
Varianzanalyse

HANS-JÜRGEN TREDER
Relativität und Kosmos
Raum und Zeit in Physik, Astronomie und Kosmologie

ALBERT EINSTEIN
Grundzüge der Relativitätstheorie

ALBERT EINSTEIN
Über die spezielle und die allgemeine Relativitätstheorie

GÜNTHER LUDWIG
Wellenmechanik. Einführung und Originaltexte

HARRY PAUL
Lasertheorie, Teil I und II

FRANZ RUDOLF KESSLER
Einführung in die physikalischen Grundlagen der Kernenergiegewinnung

EBERHARD HOFMANN
Eiweiße und Nucleinsäuren als biologische Makromoleküle
Dynamische Biochemie, Teil I

EBERHARD TEUSCHER
Pharmakognosie, Teil I und II

D. TER HAAR
Quantentheorie. Einführung und Originaltexte

J. H. SANDERS
Die Lichtgeschwindigkeit. Einführung und Originaltexte

JEAN KUNTZMANN
Unendliche Reihen
Mathematische Hilfsmittel der Physik und Chemie
Mit 94 Übungen und 29 Aufgaben

JEAN KUNTZMANN
Systeme von Differentialgleichungen
Mathematische Hilfsmittel der Physik und Chemie
Mit 88 Übungen und 40 Aufgaben

JEAN KUNTZMANN
Komplexe Veränderliche
Mathematische Hilfsmittel der Physik und Chemie
Mit 90 Übungen und 37 Aufgaben

FERDINAND CAP
Einführung in die Plasmaphysik
I. Theoretische Grundlagen
— insgesamt 3 Bände —

J. A. ROSANOW
Wahrscheinlichkeitstheorie

HARRY PFEIFER
Theorie linearer Bauelemente
Elektronik für den Physiker I

HARRY PFEIFER
Die Elektronenröhre
Elektronik für den Physiker II

HARRY PFEIFER
Schaltungen mit Elektronenröhren
Elektronik für den Physiker III

SIEGFRIED HAUPTMANN
Über den Ablauf organisch-chemischer Reaktionen

GERHARD HÜBNER / KLAUS JUNG / ECKART WINKLER
Die Rolle des Wassers in biologischen Systemen

STEPHEN G. BRUSH
Kinetische Theorie, Teil I und II

HARRY PFEIFER
Leitungen und Antennen
Elektronik für den Physiker IV

HARRY PFEIFER
Mikrowellenelektronik
Elektronik für den Physiker V

HARRY PFEIFER
Halbleiterelektronik
Elektronik für den Physiker VI

EBERHARD HOFMANN
Enzyme und energieliefernde Stoffwechselreaktionen
Dynamische Biochemie, Teil II

PETER KRUMBIEGEL
Isotopieeffekte

D. M. BRINK
Kernkräfte. Einführung und Originaltexte

HERBERT GOERING
Elementare Methoden
zur Lösung von Differentialgleichungsproblemen

DIETER ONKEN
Steroide
Zur Chemie und Anwendung

HEINZ GEILER
Ökologie der Land- und Süßwassertiere

Vorschau auf die nächsten Bände:

DIETER KLAUA
Elementare Axiome der Mengenlehre

DIETER J. SCHADACH
Biomathematik, Teil I und II

J. F. VINSON
Optische Kohärenz in der klassischen Theorie
und in der Quantentheorie

WTB

BAND 64

Heinz Geiler

Ökologie der Land- und Süßwassertiere

Mit 41 Abbildungen und 2 Übersichten

AKADEMIE-VERLAG · BERLIN

PERGAMON PRESS · OXFORD

VIEWEG + SOHN · BRAUNSCHWEIG

Reihe BIOLOGIE

Herausgeber:
Prof. Dr. H. Borriss, Greifswald
Prof. Dr. E. Hofmann, Leipzig
Prof. Dr. J. O. Hüsing, Halle/Saale
Prof. Dr. M. Klinkowski, Aschersleben
Prof. Dr. W. Schwartz, Hamburg

Verantwortlicher Herausgeber dieses Bandes:
Prof. Dr. J. O. Hüsing

Verfasser:
Prof. Dr. habil. Heinz Geiler
Dresden

ISBN 3 528 0**6064** 6

1971

Lizenznummer: 202 · 100/617/71
Herstellung: VEB Druckhaus „Maxim Gorki", 74 Altenburg
Kartengenehmigung Nr. 348/70
Bestellnummer: Akademie-Verlag 7064 · EDV 761 394 7
Pergamon Press 08 017582 1
Vieweg + Sohn 6064
Printed in German Democratic Republic

Inhalt

1.	Einführung	5
2.	Ökophysiologische und ethologische Grundlagen	6
2.1.	Umweltbegriff — Umweltfaktoren	6
2.2.	Abiotische Faktoren	9
2.2.1.	Licht als Umweltfaktor	9
2.2.2.	Temperatur als Umweltfaktor	14
2.2.3.	Luft als Medium	19
2.2.4.	Wasser und wäßrige Flüssigkeiten als Medien	25
2.2.5.	Böden und andere feste Medien	31
2.3.	Nahrung und Ernährung	33
2.3.1.	Ernährungsweisen	33
2.3.2.	Aufsuchen der Nahrungsquellen	40
2.3.3.	Nahrungsmenge und Nährwert	42
2.3.4.	Einfluß der Nahrung auf Fortpflanzung und Entwicklung	44
2.4.	Verhalten gegenüber Artgenossen	47
2.4.1.	Formen der Selbstbehauptung des Individuums	47
2.4.2.	Gesellungen von Artgenossen	49
2.5.	Beziehungen zwischen verschiedenen Arten	56
2.5.1.	Probiotische Beziehungen	56
2.5.2.	Symbiotische Beziehungen	57
2.5.3.	Parasitie und Pathogenie	58
2.5.4.	Episitismus (Episitie)	63
3.	Dynamik der Landtierbevölkerungen	65
3.1.	Funktional-statistische Elemente der Populationsstruktur	65
3.2.	Bevölkerungsbewegungen im Raume	67
3.2.1.	Ortsveränderungen innerhalb der Biotopgrenzen	67
3.2.2.	Migrationen	70
3.2.3.	Arealerweiterungen	72
3.2.4.	Areale und Arealgrenzen der Landtiere (Chorologie)	75

3.3. Abundanzschwankungen 79
3.3.1. Dichtebestimmende Faktoren 80
3.3.2. Oszillationen und Fluktuationen 82
3.3.3. Gradationen 84

4. Strukturen und Verknüpfungsgefüge terrestrischer Ökosysteme 86
4.1. Allgemeiner Überblick 86
4.2. Raumstrukturen 89
4.2.1. Vertikalstrukturen 90
4.2.1.1. Wälder 90
4.2.1.2. Wiesen und Felder 110
4.2.1.3. Binnengewässer 125
4.2.2. Horizontalstrukturen 135
4.2.2.1. Biochorien 135
4.2.2.2. Grenz- und Saumbereiche 140
4.2.2.3. Regionale Gliederung der Fließgewässer 144
4.3. Zeitstrukturen 147
4.3.1. Tageszeitliche Rhythmik 147
4.3.2. Jahreszeitliche Aspekte 149
4.3.3. Sukzessionen 153
4.4. Ökosysteme 157
4.4.1. Natürliche und naturnahe Biotope 158
4.4.2. Naturferne Biotope und Technotope 163
4.4.3. Energiestufen und Biomasse 172
4.4.4. Ökologische Regelung und Landschaftsschutz . . . 174

5. Literaturverzeichnis 177

6. Stichwortregister 178

Einführung

Die Limnologie und die Ozeanologie sind die älteren Geschwister der terrestrischen Ökologie oder Epeirologie. Die Lebensgemeinschaften oder Biozönosen des Wassers sind im allgemeinen begrenzt und übersichtlich, die des Meeres dazu noch einheitlich weiträumig. Die Fauna des festen Landes besiedelt meist bedeutend kleinräumigere Strukturen und verbirgt sich ziemlich weitgehend in ihnen. Sie ist zudem durch eine größere Artenzahl gekennzeichnet, die vor allem auf die reiche Aufgliederung einiger weniger Tierstämme, vorzugsweise der Tracheen- und Wirbeltiere zurückzuführen ist. Wegen des Fehlens vieler nur im Meer vorkommender Systemgruppen macht die Landtierwelt im ganzen jedoch einen einförmigeren Eindruck.

Bei oberflächlicher Betrachtung erscheinen die drei genannten Teilgebiete der Tierökologie hinreichend exakt gegeneinander abgrenzbar. Am leichtesten ist zweifellos die Grenze zwischen Meer und Festland zu ziehen, wenigstens insoweit die Strandlinie über Hartböden verläuft. Schwieriger ist ihr Verlauf jedoch dort festzulegen, wo im feinsandigen oder schlammigen Sediment der Gezeitenzone Vertreter der Land- und Meerestierwelt nebeneinander vorkommen. In diesen Land-Meer-Saumgebieten lebt eine an deren spezifische Bedingungen angepaßte Auswahl von eurypotenten Vertretern beider Faunenbereiche. Ähnliches gilt für die Misch- oder Brackwasserzonen in den Mündungsgebieten der vom Festland kommenden Flüsse und Ströme. Faunenüberschneidungen finden sich auch in limnisch-terrestrischen Übergangsbereichen. Festlandgewässer jeder Größenordnung, die von Seen über Teiche und Tümpel bis zu kleinsten ephemeren Wasseransammlungen reicht, weisen an und in ihren Ufern Grenzsäume auf, in denen aquatischer und terrestrische Faunenelemente aufeinandertreffen. Sämtliche in diesen Saumbereichen, ferner in Moor- und Sumpfgebieten, sowie Groß-, Klein- und Kleinsthöhlen sowie im Grundwasser lebende Tiere aller Größenordnungen sind integrierende Bestandteile der terrestrischen Fauna. Diese besteht demnach im weiteren Sinne aus den Mikro-, Meso- und Makrofaunen der Binnengewässer und des Bodens einschließlich der an dessen Oberfläche sowie an die Vegetationsschichten gebundenen Tiere. Obwohl sämtliche Landtiere, die weder im Bodenwasser noch in sonstigen Wasseransammlungen des Festlandes leben, im eigentlichen Sinne des Wortes Lufttiere sind, ist es ihnen nur vorübergehend möglich, die Bodenoberfläche oder bodennahe Strukturen aktiv fliegend oder passiv von Luftströmungen erfaßt zu verlassen. Der weite Luftraum über den Ozeanen und den Festländern entbehrt aus physikalischen Gründen einer autochthonen Tierwelt.

2. Ökophysiologische und ethologische Grundlagen

2.1. *Umweltbegriff — Umweltfaktoren*

Jedes Tierindividuum lebt in einer seinen Lebensansprüchen adäquaten Umwelt. Die Umwelten von Individuen derselben Art gleichen oder ähneln sich weitgehend. Das Mindestmaß an Gegebenheiten, die insgesamt die „nackte Existenz" des Individuums garantieren, wird als Minimalumwelt bezeichnet; sie entspricht zugleich dem in der Tierökologie häufig gebrauchten Begriff Nische. Der physiologische Umweltbegriff schließt sämtliche von außen und direkt auf das Individuum einwirkenden lebensnotwendigen und auch die mindestens teil- oder zeitweise entbehrlichen Faktoren ein, während die umfassendere ökologische Umwelt außer den direkten auch sämtliche konkret nachweisbaren indirekten Außenwelteinflüsse als geschlossenen Komplex mit erfaßt.

Die Umwelt eines jeden Tierindividuums setzt sich aus einer Anzahl dem abiotischen und dem biotischen Bereich entstammenden Faktoren zusammen; sie darf aber nicht einfach als Summe, sondern muß als komplexes System aller dieser Einzelfaktoren verstanden werden. Sie kommen mit unterschiedlichem ökologischen Gewicht zur Wirkung, können direkt miteinander oder indirekt über bestimmte Funktionen und Verrichtungen des Tierkörpers korreliert sein. Eine exakte Aussage über den im Einzelfall wirkenden Faktorenkomplex ist nur über die Analyse einzelner, experimentell von den übrigen trennbarer Faktoren möglich. Die Effektivität der einzelnen Faktoren kann sich dabei als sehr unterschiedlich erweisen. Die Wirkskala eines jeden Umweltfaktors reicht vom Minimum oder Minus-Pessimum über den Pejusbereich* bis zum Optimum und von diesem über den entgegengesetzten Pejusbereich bis zum Plus-Pessimum oder Maximum. Die als Amplitude bezeichnete Spanne zwischen den beiden Extrempunkten und die Breite des Optimalbereiches determinieren die ökologische Valenz des untersuchten Umweltfaktors. Dieser Valenz oder Wertigkeit des Faktors steht die Potenz oder Fähigkeit des Tierindividuums gegenüber, sich mit jenem auseinanderzusetzen und ihn optimal zu nützen. Auch die in der Vitalität zum Ausdruck kommenden Potenzen der Tiere haben unterschiedliche Amplituden, so daß eurypotentes Verhalten bei großer und stenopotente Reaktion bei schmaler Amplitude einander gegenüberstehen. Die Stenopotenz kann sich dabei auf den unteren, den mittleren oder auch auf den höheren Intensitätsbereich des experimentell geprüften Faktors beziehen: Oligo-, Meso- und Poly-Stenopotenz.

---

*) Pejus = äußerste Grade ungünstiger Lebensbedingungen.

Die Individuen einer Art stimmen zwar in der allgegemeinen Faktoren-Potenz überein, ihr tatsächliches Verhalten läßt jedoch noch eine mehr oder weniger stark ausgeprägte individuelle Variabilität erkennen, die von ihrer Konstitution oder oft auch von ihrem momentanen Entwicklungsstadium bestimmt wird. Die Wirkung eines einzelnen Umweltfaktors auf Tierindividuen und -populationen kann sich in drei verschiedenen Bereichen äußern: Einmal kann sie veranlassen, sich dem vom Faktor ausgehenden Reiz zu- oder von ihm abzuwenden (positiver und negativer Tropismus), zum anderen kann sie besonders während der Embryonalzeit oder kritischer Entwicklungsphasen die betroffenen Individuen in bestimmter Weise modifizieren, d. h. Gestaltungs- oder Verhaltensänderungen auslösen, und schließlich auch den Umfang des bewohnten Gebietes an unüberschreitbare Grenzen binden (Habitat- und Areal-Limitierung).

Unter der Gesamtheit aller Umweltfaktoren wirkt im allgemeinen derjenige als stärkster exogener Regler, der den gleichmäßigsten Tages- oder Jahreszeitenrhythmus aufweist. Dies trifft in erster Linie auf den Wechsel zwischen Tag und Nacht zu.

Die relative Effektivität des Einzelfaktors kommt darin zum Ausdruck, daß sich eine Intensitätsänderung um so stärker auswirkt, je weiter seine Wirkung in den Bereich des Minus-Pessimums abgesunken ist und umgekehrt um so schwächer, je dauerhafter er im Optimalbereich seiner Wirkung verankert ist. Jeder Faktor gerät zu irgendeiner Zeit einmal in den Pessimalbereich und kann damit zu einem die Existenz des Individuums oder der Population bestimmenden bzw. begrenzenden Faktor werden. Den existenzhemmenden stehen die existenzfördernden Faktoren gegenüber, die mit umgekehrtem Vorzeichen in das individuelle Leben der Tiere und in die Dynamik ganzer Tierpopulationen eingreifen.

2.2. Abiotische Faktoren

2.2.1. Licht als Umweltfaktor

Auch im Dauerdunkel terrestrischer Höhlen und in tieferen lichtlosen Bodenschichten leben Tiere, die in dieser Beziehung mit Tiefseetieren verglichen werden können. Die Mehrzahl der Tierarten bedarf jedoch des Lichtes, und ihre Aktivität ist in vielen Fällen sogar streng auf die Photoperiode, d. h. den Wechsel zwischen Tag und Nacht oder eine bestimmte Beleuchtungsstärke und -dauer eingespielt. So vollziehen sich die Häutung und das Verlassen der Ei- oder der Puppenhülle bei manchen Insektenarten zu bestimmten Tagesstunden.

Bekannt sind weiterhin das Schwärmen der Maikäfer (*Melolontha melolontha* L.) nach Sonnenuntergang sowie das der Stechmücken (*Culex pipiens* L.) unterhalb eines Helligkeitsgrenzwertes von 40 Lux. In beiden Fällen kann der Schwarmbeginn zu jeder Tageszeit experimentell durch Abdunkelung des Versuchsraumes ausgelöst werden. Weiterhin ließ sich der morgendliche Gesangsbeginn bei einigen Singvögeln im März sehr genau zwischen die 0,1 und 100 Lux-Grenzlinien einordnen. Bei Verzögerung des Sonnendurchbruches als Folge von Frühnebel oder einer dichten Wolkendecke begann der Gesang entsprechend später.

Neben dieser exogen gesteuerten Tagesrhythmik gibt es eine durch endogene Faktoren beeinflußte, die sich auch durch längeren zwangsweisen Aufenthalt im Dauerdunkel nicht aufheben läßt. Offenbar haben manche Tiere eine autonome artspezifische Rhythmik mit Periodenlängen zwischen 23 und 26 Stunden. In diesen Fällen wirkt die Photoperiode lediglich synchronisierend.

Im Wechsel der Jahreszeiten treten bei vielen Landtieren Zeiten der Entwicklungs- und Stoffwechselruhe auf, die allgemein als Dormanzperioden bezeichnet und durch die gesetzmäßigen Änderungen der Tageslänge ausgelöst werden. Bei adulten Tieren beschränkt sich die Dormanz auf die Tätigkeitszeit der Gonaden und auf das Überdauern von Dürre- bzw. Hitze- oder Kältezeiten. Die einfachste und zugleich häufigste Form der Dormanz ist die direkt von Umweltfaktoren (Licht oder Temperatur) ausgelöste Quieszenz. Die Entwicklung einer Landwanze (*Ischnodemus sabuleti*) läuft nur bei Tageslängen bis minimal 15 Stunden phasengerecht ab. Werden die Tage kürzer (in Mitteleuropa etwa zu Beginn der zweiten Augustdekade), so suchen die L_3- oder L_4-Larven auch bei durchaus noch optimaler Lufttemperatur und ausreichendem Nahrungsangebot das Winterquartier auf, das erst im kommenden Frühjahr (etwa am Ende der ersten Maidekade) verlassen wird, wenn die Tageslängen den Grenzwert von 15 Lichtstunden nach oben wieder überschreiten. Zweifellos ist die Bindung der postembryonalen Entwicklung vieler Landinsekten an die sich mit absoluter Präzision verändernde Tageslänge wesentlich fester als etwa eine Koppelung mit der in mehr oder weniger großen Amplituden schwankenden Lufttemperatur. Eine weitere Form der Dormanz, die Parapause, tritt bei solchen Insekten in Erscheinung, deren einzelne Entwicklungsstadien unterschiedliche Ansprüche beispielsweise an die Tageslänge stellen, so daß das jeweils betroffene auf den Eintritt der für das folgende Stadium erforderlichen photoperiodischen Verhältnisse angewiesen ist.

Im Laufe der stammesgeschichtlichen Entwicklung hat sich eine noch viel wirkungsvollere und von äußeren Faktoren unabhängigere Dormanzform herausgebildet, die als Diapause bekannt ist. Sie tritt zu artlich unterschiedlichen Zeitpunkten entweder obligatorisch oder meist fakultativ ein und wird auf frühen Entwicklungsstadien durch bestimmte Umweltreize induziert. Dabei spielen häufig sogenannte sensible Phasen eine besondere Rolle, während denen der später erfolgende Beginn der Diapause unter Umständen bereits Wochen vorher, in manchen Fällen sogar schon während der voraufgegangenen Generation festgelegt wird. Bei den Weibchen des Seidenspinners (*Bombyx mori* L.) beispielsweise wird durch die Photoperiode bereits während ihrer Ei- oder der frühen Stadien ihrer Larvenentwicklung darüber entschieden, ob später Eier abgelegt werden, die sich sofort (Subitaneier) oder später nach einer Diapause (Latenzeier) entwickeln. Bei manchen Arten entscheidet ein einzelner, rechtzeitig eintretender Langtag darüber, ob das folgende Entwicklungsstadium diapausiert oder nicht. Die sich an die sensible Phase anschließende Prodiapause ist durch Irreversibilität der bereits induzierten Diapause gekennzeichnet.

Aus Kohlweißlingsraupen (*Pieris brassicae* L.), die vor der Verpuppung ausschließlich mehr als 15 Stunden lang dem Licht, also Langtagbedingungen ausgesetzt waren, entwickeln sich Subitanpuppen und nach Abschluß der Metamorphose sofort Falter. Kurztagverhältnisse (Belichtung unter 15 Stunden) bestimmen die ältesten Raupenstadien zu Latenz- oder Diapausepuppen, die ihre Falter erst im nächsten Frühsommer entlassen. Die Diapause dieser Latenzpuppen ist nur nach dem Überstehen längerer Kälteperioden zu brechen, ein experimentelles „Treiben" der für die Überwinterung bestimmten Kohlweißlingspuppen ist nicht möglich. Andererseits ist es möglich, die Diapause des Kohlweißlings experimentell durch fortwährenden Langtag generationenlang zu verhindern und eine Subitangeneration auf die andere folgen zu lassen, wie umgekehrt durch konstante Kurztagbehandlung auch ausschließlich Diapause- oder Latenzpuppen erzeugt werden können. Die Diapause ist in diesem Falle keine obligate, sondern eine durch Einwirkungen von außen steuerbare fakultative Erscheinung. Auf dem gleichen Wege, d. h. durch Abänderung der photoperiodischen Verhältnisse, gelingt es auch beim Landkärtchenfalter (*Araschnia levana*), der bivoltin ist und in einer Frühjahr- und einer Sommerform auftritt, unter Dauerlangtagbedingungen eine Kette diapauseloser Sommerfalter und durch Kurztag entsprechend fortlaufend Frühjahrsfalter zu erzeugen, die durch längere Diapausephasen voneinander getrennt bleiben. In der freien Natur entwickeln sich aus den im Juni (bei Tageslängen über 16 Stunden) lebenden Raupen der 1. Generation Subitanpuppen und Sommerfalter, aus deren Larven, die als 2. Raupengeneration im August bis September nur in den Genuß von Kurztagen kommt, überwinternde Latenzpuppen und Frühjahrsfalter.

Ähnliche Zusammenhänge bestehen auch für die saisonal gebundenen Di- und Polymorphismen anderer Landtiere, wie z. B. die holozyklischen Blattläuse mit ihrem Wechsel zwischen ovo- und viviparen Generationen. Bei bestimmten Landasselarten fällt die photoperiodisch sensible Phase mit der Differenzierung der Gonaden zusammen, so daß die Tageslänge im direkten Zusammenhang mit der Geschlechtsbestimmung steht, die bei *Armadillidium vulgare* nicht vor der dritten Häutung, d. h. zwischen dem 20. und 24. Tag nach dem Verlassen des mütterlichen Marsupiums, erfolgt.

Auch dem Mondlicht kommt eine aktivierende oder aktivitätshemmende Wirkung zu. So erscheint beispielsweise der Talitride (*Orchestia platensis*) mit Beginn der Dämmerung auf dem Strand und zieht sich vor dem Beginn der Morgendämmerung wieder zurück. Während der Nacht hängt seine Aktivitätsstärke vom Grad der Dunkelheit ab, Mondlicht fördert und dichte Bewölkung hemmt. Die katadromen Wanderungen der Silberaale (*Anguilla anguilla*) werden in küstennahen, noch dem Gezeiteneinfluß unterliegenden Seen wahrscheinlich in erster Linie von der Mondphase (letztes Viertel), weiterhin auch durch den damit in Zusammenhang stehenden Anstieg des Wasserspiegels bestimmt. Bekannt ist auch die Tatsache, daß die Anzahl der bei Fängen mit UV-Licht anfliegenden nachtaktiven Insekten in Vollmondnächten regelmäßig sehr gering ist, in dunklen Nächten vor allem bei Neumond dagegen maximale Werte erreicht.

Bei Tiefseetieren ist die Erzeugung körpereigenen Lichtes ziemlich weit verbreitet. Unter den Landtieren der gemäßigten Breiten sind es vor allem manche Collembola, die eine über den gesamten Körper verteilte Lumineszenz zeigen, ferner gewisse Pilzmücken (Fungivoridae) und einige Käfer. Bei den Leuchtkäfern (Lampyridae) sind die sogenanntes kaltes Licht ausstrahlenden Zellen auf bestimmte Partien des Körpers konzentriert, deren Aufleuchten der Geschlechterfindung dient.

Licht und Schatten beeinflussen auch die Orientierung der Landtiere im Raum. Positiv-phototaktisches Verhalten leitet viele Insekten und deren Larven von der Basis der Pflanzen in deren Blüten- oder Wipfelregion, wo sie die arteigene Nahrung vorfinden. Umgekehrtes Verhalten, also negative Phototaxis ist den meisten im Boden (endogäisch) lebenden Landtieren, wie den Myriapoden, Isopoden und Clitellaten eigen und führt sie zu ihren Schlupfwinkeln. Fliegende Borkenkäfer (*Ips typographus*) steuern senkrecht stehende Baumschatten an, lassen sich im Experiment aber auch durch waagerecht liegende schwarze Streifen auf hellem Untergrund täuschen. In der Waldstreu überwinterte Käfer der Feldkulturen verhalten sich im Frühjahr positiv phototaktisch und gelangen so an ihre Eiablage- und Fraßplätze in der offenen Landschaft. Im Herbst reagieren sie umgekehrt und gelangen auf diese Weise in ihre Überwinterungsbiotope an Waldrändern („Fernüberwinterer").

Photokinetisches Verhalten ist häufig an bestimmte Alters- und Entwicklungsstadien sowie an die gleichzeitige Einwirkung anderer Umweltfaktoren gebunden. Die Larven bestimmter Blattwespen- und Spinnenarten reagieren bei normalen Temperaturen positiv phototaktisch und halten sich im äußeren Kronenbereich ihrer Nahrungsbäume auf. Steigt bei fehlender Luftbewegung und starker Insolation die Temperatur des sie umgebenden Luftraumes auf mehr als 35 °C an, so werden sie negativ phototaktisch und bewegen sich abwärts in den Schattenbereich der Krone. Der Große Waldgärtner (*Myelophilus piniperda*), ein in der Rinde von Nadelbäumen brütender Käfer, wird im Vorfrühling bereits bei Lufttemperaturen von 5 °C photopositiv und schwärmt dann, ist während der Vorsommermonate bei Baumkronentemperaturen von 25 °C am stärksten photopositiv, beginnt aber sein Winterquartier in photonegativer Stimmung bereits aufzusuchen, wenn die Lufttemperaturen unter 15 °C absinken.

Die Sonnenkompaßorientierung oder Photomenotaxis ist vor allem für Insekten wichtig, die ihren Unterschlupf oder ihr Nest auch nach weiteren Ausflügen in die Umgebung wiederfinden müssen. Bei den sozialen

Insekten ist dieses Heimfindevermögen in höchst differenzierter Weise entwickelt. Bekannt sind die Ergebnisse der Untersuchungen an Hymenopteren, vor allem an der Honigbiene, der sogar die Fähigkeit zukommt, den beim Anflug der Trachtquelle eingehaltenen Winkel zur Sonne im Stockinnern auf den senkrecht stehenden Waben durch bestimmte Körperbewegungen („Schwänzelläufe") anderen Stockgenossinnen mitzuteilen und diese dadurch zum Aufsuchen der Nektarquellen zu stimulieren. Der Ablauf der Kette aller damit verbundenen Verhaltensweisen funktioniert auch dann, wenn die Sonne durch Wolken verdeckt ist, weil die Komplexaugen der Honigbiene (und anderer Arthropoden) in der Lage sind, die Schwingungsebenen des polarisierten Himmelslichtes wahrzunehmen.

2.2.2. Temperatur als Umweltfaktor

Poikilothermen Landtieren stehen als Wärmequellen die Strahlungsenergie der Sonne, die bei organochemischen Umsetzungen freiwerdenden Energien (Gärungs- und Verwesungsprozesse), in Ausnahmefällen heißes Quellwasser und schließlich vom Menschen geschaffene technische Wärmedepots (z. B. Heizungsanlagen) zur Verfügung. Warmblüter-Endoparasiten nutzen außerdem die Körperwärme ihrer homoiothermen Wirte. Von besonderer Bedeutung ist die Umgebungswärme allgemein für poikilotherme Tiere, deren Körpertemperatur und Stoffwechsel z. T. erheblichen Schwankungen unterworfen sind. Sie haben bestimmte Vorzugstemperaturbereiche, in denen sie ihrem artlich fixierten Wärmebedarf entsprechend bei geringstem eigenen Energieaufwand zur Ruhe kommen. Die Temperaturamplitude reicht von wenigen Graden unter dem Nullpunkt bis etwa 40 °C; im Zustand der Anabiose ertragen besonders kälteresistente Arten kurzfristige Abkühlungen bis — 30 °C (manche Protozoa, Nematoda, Rotatoria und Tardigrada) und hitzeresistente, dauernd in Thermalgewässern lebende

Arten (einige Ostracoden, Wassermilben und Insektenlarven) auch Temperaturen über 50 °C. Normalerweise tritt nach der am Beginn der (noch reversiblen) Kältestarre erkennbaren Unterkühlung der Gewebsflüssigkeit und nachfolgender Unterschreitung der kritischen Minimaltemperatur bei Poikilothermen der Kältetod ein. Die Widerstandsfähigkeit gegen Kälte ist sowohl vom Entwicklungsstadium als insbesondere vom Wassergehalt und Ernährungszustand des Individuums abhängig. Die für das Wärmepessimum charakteristische Wärmestarre ist wegen der einsetzenden Zerstörung der Fermente und der Koagulation der körpereigenen Eiweißstoffe irreversibel und führt regelmäßig zum Wärmetod.

Die Eier des Buchdruckers (*Ips typographus* L.) überleben ein Einfrieren in keinem Falle, während die Larven einmaliges Auftauen nach dem ersten Einfrieren überstehen. Mit dem Alter der Buchdruckerlarven nimmt deren Kälteresistenz zu, auch Puppen scheinen einmaliges Einfrieren meist zu überleben. Frisch geschlüpfte, noch unausgefärbte Imagines sind empfindlich, ausgefärbte Jungkäfer relativ unempfindlich gegen Frost. Im Verlaufe der Vegetationsperiode sinkt die Vorzugstemperatur des Buchdruckers von 27 bis 30 °C im Frühjahr, auf unter 10 °C im Herbst ab. Mit 35 °C stellen sich ungeordnete Bewegungsabläufe ein, die darauf hinweisen, daß das Temperaturoptimum dieses Borkenkäfers besonders nahe bei der oberen Wärmetoleranzgrenze liegt. Der Eintritt der Wärmestarre ist beim erwachsenen Buchdrucker sehr vom Feuchtigkeitsgehalt der Umgebung und seinem Ernährungszustand abhängig. Hungernde und in trockener Luft lebende Buchdrucker-Imagines fallen früher in Wärmestarre als normal ernährte. Der durch eine höhere Verdunstungsrate ausgelöste Wasserverlust spielt eine nicht unbedeutende Rolle.

Zyklisch bedingte Änderungen der Temperaturpräferenzbereiche führen zu Umstimmungen des Verhaltens vieler Insekten und garantieren zugleich eine optimale Einpassung ihrer Entwicklungsstadien in den phänologischen Jahresablauf. Tierarten, bei denen der obere und der untere kritische Temperaturbereich weit auseinander liegen und die deshalb über eine ausgedehnte thermische Toleranz verfügen, werden als eurytherm, solche mit eng begrenzter Thermalpotenz als stenotherm bezeichnet. Sowohl Eurythermie als Stenothermie können sich auf kalte, mittlere und warme Temperaturbereiche beziehen. Danach lassen sich oligoeurytherme von meso- und polyeurythermen, ebenso oligostenotherme von meso- und polystenothermen Arten unterscheiden.

Die meisten poikilothermen Landtiere gehören zum helioregulatorischen Typ und können ihre Körpertemperatur nur passiv durch Ausnützung der Sonnenstrahlung erhöhen; die Vertreter des chemoregulatorischen Typs steigern sie bei Bedarf aktiv durch Muskeltätigkeit um einige Celsiusgrade. Zum ersten Typ rechnen die meisten Heuschrecken und Tagfalter, die ihren Körper zu diesem Zwecke meist in maximaler Breite der Sonne aussetzen; zur zweiten Gruppe zählen beispielsweise die Sphingiden, die durch Flügelschwirren ihre Körpertemperatur von Umgebungstemperatur auf 34 °C anzuheben vermögen. Bodentiere, sowie Dämmerungs- und Nachttiere haben keine Möglichkeit zur Aufheizung ihres Körpers, dessen Binnentemperatur aus diesem Grunde stets etwa der Umgebungstemperatur entspricht: aregulatorischer Typ.

In größeren Gemeinschaften lebende Insekten verfügen darüber hinaus noch über die Fähigkeit zur sozialen Wärmeregulation, die zugleich die am höchsten differenzierte Form der Erzeugung und Aufrechterhaltung bestimmter Nesttemperaturen darstellt. Waldameisenarbeiterinnen (*Formica rufa* L. und *F. polyctena* Foerst.) sonnen sich im Frühjahr oder nach sonnenscheinarmen Witterungsperioden auch im Sommer gruppenweise auf der Nestoberfläche, speichern dabei in ihrem Körper Wärme, durch deren Abstrahlung sie die für die Entwicklung der Brut notwendige Optimaltemperatur im Nestinnern erzeugen.

Honigbienenarbeiterinnen halten während heißer Sommertage durch aktive Ventilation die Temperaturen zwischen den Brutwaben konstant auf 34,5 bis 35,5 °C. Selbst bei starker nächtlicher Abkühlung der Umgebung treten im Höchstfalle Schwankungen der Stocktemperatur von 0,4 °C auf. Im Herbst bricht mit der Bildung der Überwinterungstraube die Wärmeregulation des Bienenvolkes zusammen und die Binnentemperatur des Stockes sinkt langsam ab. Noch bevor ein unterer Grenzwert von 13 °C erreicht ist, beginnen die Bienen durch Muskelzittern Wärme zu produzieren und die Temperatur in der Traube um 10 bis 20 °C ansteigen zu lassen („Heizsprung").

Mit sinkenden Temperaturen läßt bei poikilothermen Landtieren ganz allgemein die Aktivität nach und die Entwicklung des betroffenen Stadiums kommt schließlich sogar zum Stillstand. Dieser Zeitpunkt, der als Entwicklungsnullpunkt bezeichnet wird, kann für jedes Entwicklungsstadium einer jeden Art experimentell bestimmt werden. Steigende Umwelttemperaturen setzen die Entwicklung wieder in Gang, steigern die Entwicklungsgeschwindigkeit und kürzen die Entwicklungsdauer.

Der in der freien Natur gesetzmäßig ablaufende Wechsel zwischen höheren Tages- und tieferen Nachttemperaturen, der bei den hauptsächlich mit Schadinsekten durchgeführten Laborzuchten meist nicht berücksichtigt wird, wirkt sicher im ganzen stimulierend auf deren Entwicklung ein, die erst dann zum Abschluß kommt, wenn die arteigene, insgesamt notwendige Wärmesumme erreicht ist: Wärmesummenregel der Entwicklung. In diese Abhängigkeit der embryonalen und postembryonalen Entwicklung sind auch sämtliche Formen der Dormanz einzubeziehen, die außer vom Licht auch von bestimmten und experimentell bestimmbaren Grenzwerten der Temperatur eingeleitet und beendet werden. Im gemäßigten Klimabereich wirken höhere Temperaturen oft diapauseverkürzend oder -verhindernd, niedrige Temperaturen dagegen diapauseauslösend oder -verlängernd.

In sehr starkem Maße ist deshalb auch der Fortpflanzungszyklus aller poikilothermen Landtiere temperaturabhängig. Der Schwärmflug der Insekten setzt erst nach Eintritt einer bestimmten Mindestlufttemperatur ein. Die Anzahl der abgelegten Eier, deren Entwicklungsdauer und der zahlenmäßige Umfang der folgenden Generation stehen in eindeutiger Relation zum Temperaturverlauf.

Den Wechselwarmblütern stehen als zweiter thermobiologischer Landtiertyp die Homoiothermen oder Gleichwarmblüter gegenüber, die insgesamt über ein ausgeprägtes Wärmeregulationsvermögen verfügen. Die Mehrzahl der Säugetiere weist mittlere Körpertemperaturen zwischen 36 °C und 37 °C auf, einige erreichen wie die Vögel 40 °C. Die Temperaturkonstanz ist die Resultante aus energieliefernden Stoffwechselvorgängen, die durch die Wirkung zweier getrennter Blutkreisläufe verstärkt werden, und aus der isolierenden Wirkung des Haar- oder Federkleides, das den Wärmeverlust der Körperoberfläche weitgehend mindert. Homoiotherme vermögen deshalb selbst dauerkalte Erdbereiche, einschließlich Arktis und Antarktika, zu besiedeln und sich dort auch fortzupflanzen.

Manche Säugetiere und auch einige kleine Vogelarten (Kolibris und Mäusevögel) verfallen während der kalten Nachtstunden oder während des Winters in einen Zustand der Torpidität, der mit der Verlangsamung des Kreislauf- und Stoffwechselgeschehens zum Absinken der Körpertemperatur führt. Nesthockende Junge der Landhomoiothermen entbehren in vielen Fällen noch einer eigenen Wärmeregulation und müssen von den Elterntieren gewärmt werden. Goldhamster sind während der ersten 10 Lebenstage praktisch poikilotherm und erwerben die Fähigkeit zur dauernden Stabilisierung ihrer Körpertemperatur erst in einem Alter von 23 Tagen. Junge Feldlemminge erreichen den Zustand der stabilen Homoiothermie etwa 10 Tage früher als Goldhamster.

Außer dem Winterschlaf oder der Hibernation, zu dessen Beginn die Tiere in einen torpiden Zustand reduzierter Stoffwechselintensität verfallen und in dessen Verlauf die Körpertemperaturen wie bei Poikilothermen mit den Umgebungstemperaturen schwanken, ist auch ein Sommerschlafzustand oder Aestivation bekannt. Hierbei handelt es sich um das Überdauern von Zeiten, die durch Wasser- und (oder) Nahrungsmangel bestimmt sind. In beiden Fällen sind die Tiere imstande, diese Zustände der Heterothermie durch aktive Steigerung ihrer Wärmeproduktion zu beenden und zur Homoiothermie zurückzukehren.

An jedem Warmblüterkörper sind haar- oder federfreie Regionen Orte erhöhter Wärmeabgabe. Bei Vögeln sind hiervon insbesondere die nackten Extremitäten betroffen. Polarhunde wiesen bei −30 °C Lufttemperatur an der Schnauzenspitze 5, in Augennähe 23, am Ansatz der Vorderbeine 35, im unteren Drittel der Vorderbeine 14, auf der Pfotenoberseite 8 und auf deren Unterfläche 0 °C auf. Die Rektaltemperatur eines Rens betrug 38 °C; an der Schnauzenspitze herrschten 20, in Augennähe 36 und an den Hinterläufen 9 bis 12 °C bei einer Außentemperatur von −31 °C.

2.2.3. Luft als Medium

Besonders enge Beziehungen bestehen zwischen der Temperatur und dem Feuchtigkeitsgehalt der Luft. Tierökologische Untersuchungen gehen in der Regel nicht vom absoluten, sondern vom relativen Luftfeuchtigkeitsgehalt aus, der das Verhältnis des tatsächlich vorhandenen zum maximal möglichen Wasserdampfgehalt ausdrückt. Jedes Entwicklungsstadium einer Art hat in der Regel sein eigenes, mehr oder weniger eng begrenztes Feuchtigkeits-Optimum. Mit steigenden Temperaturen sinkt die relative Luftfeuchtigkeit ab, Verdunstungsrate und Sättigungsdefizit nehmen zu. Diesen Bedingungen sind auf die Dauer nur oligostenohygre und manche euryhygren Landtiere gewachsen, deren Feuchtetoleranz einen weiten Bereich umfaßt.

Manche Insekten überstehen eine zeitlich begrenzte Austrocknung bis zu 80% ihres Körpergewichtes, die Eier bestimmter Heuschreucken halten einer solchen bis zu 51% stand. Landsäugetiere sind gegen Wasserverlust wesentlich empfindlicher: 10% Wasserentzug führt bei ihnen zu erheblichen Störungen im Stoffwechselgeschehen und mit 15% ist die Mortalitätsgrenze bereits erreicht.

Die Wirkung der Austrocknung, die insbesondere bei höheren Tieren zuerst auf der negativen Wirkung des Wassermangels bei stoffwechselphysiologischen Vorgängen im Körper beruht, kann bei Wirbellosen auch rein mechanischer Art sein. So wird beispielsweise das Chorion von Insekteneiern durch anhaltenden Wasserverlust so zähe, daß es von den Eilarven nicht mehr gesprengt werden kann. Die schlupffähigen Larven der Rübenfliege (*Pegomyia hyoscyami* Panz) sterben bereits in den Eiern ab, wenn die relative Luftfeuchtigkeit in ihrer Umgebung unter 83% abgesunken ist. Da die schizophoren Fliegen nur mit Hilfe ihrer prall-flüssigkeitserfüllten Stirnblase die Puppenhülle verlassen künnen, ist Austrocknung gleichbedeutend mit dem Unvermögen, den Deckel des Tönnchens abzusprengen.

Landtiere mit zarter und drüsenreicher Haut schützen sich vor Austrocknung durch Verlassen der trockenwarmen Umgebung und Aufsuchen geschützter Unterschlupfe oder Wasseransammlungen (Hygrotaxis). Eine andere Möglichkeit bietet sich im Ersatz des verdunsteten Wassers durch häufigeres Trinken oder Aufnahme besonders wasserreicher Nahrung an. Eine dritte Gruppe von Landarthropoden verbringt sensible Entwicklungsphasen in Gespinsten, zusammengesponnenen Blatt- oder Nadelhülsen, festeren Kokons oder im Boden. Nur wenige Lufttiere haben die Möglichkeit, Trockenzeiten im Zustand der Anabiose zu überstehen, die einer scheintodähnlichen Phase mit fast vollständiger Austrocknung entspricht und erst nach intensiver Durchfeuchtung beendet werden kann. Als Beispiele seien vor allem die Bärtierchen (Tardigrada) und einige in tropischen Tümpeln lebende Zuckmückenlarven (Chironomidae) genannt. Auch Farbe und Glanz der Cuticula haben insofern Einfluß auf die Wasserverdunstung, als hellere Farben und hochglänzende Oberflächen die Sonnenstrahlen stärker reflektieren; nachtaktive Arthropoden weisen demgegenüber oft matt- und düsterfarbene Körperoberflächen auf.

Der tägliche Gang der Luftfeuchtigkeit löst, wie derjenige der Temperatur, eine deutliche Tagesperiodik aus. Landmollusken sind meso- bis polystenohygre Tiere und deshalb fast ausschließlich nachtaktiv. Die Stechlust der Culicidae steht eindeutig mit der relativen Luftfeuchtigkeit in Zusammenhang. Der Anflug nachtaktiver Lepidopteren an einer Kunstlichtquelle ist bei hoher relativer Luftfeuchtigkeit wesentlich stärker als in trockenwarmen Sommernächten.

Hygrophile Landinsekten halten sich vorwiegend an dichte Pflanzenbestände und bevorzugen dort die feuchteren und kühleren bodennahen Schichten; trockenheitsresistente Arten, wie die Ameisenlöwen (Larven der Ameisenjungfern; Myrmeleonidae) leben auf vegetationsfreien, der vollen Sonnenstrahlung ausge-

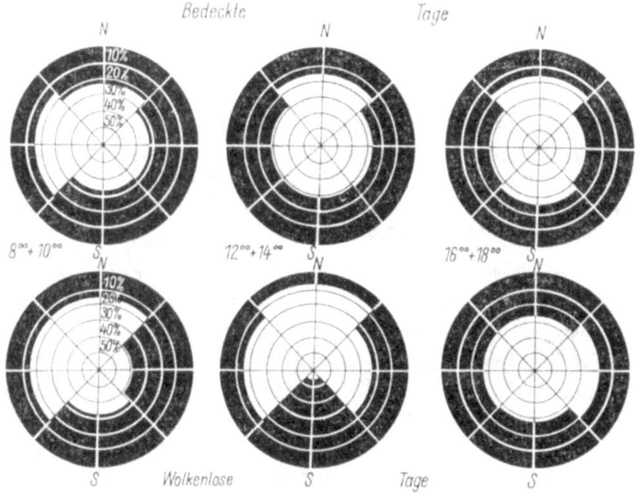

Abb. 1. Helioregulatorisches Verhalten der Ameisenlöwen (*Euroleon nostras*) in Abhängigkeit von der Tageszeit bei bedecktem und wolkenlosem Himmel (Original)

setzten Sandflächen und lassen hinsichtlich ihrer Position am Grunde der Fangtrichter eine deutliche Abhängigkeit von der Stärke der Sonneneinstrahlung zu den verschiedenen Tagesstunden erkennen. Bedeckte und wolkenlose Sommertage beeinflussen sowohl die Aktivität als auch das helioregulatorische Verhalten der Ameisenlöwen (Abb. 1).

Sehr deutlich kommt die Wirkung trockener und niederschlagsarmer Sommer in Abwandlungen des Tierspektrums der verschiedenen Biotope zum Ausdruck. In der Leipziger Tieflandsbucht wurde die Population der Genetzten Ackerschnecke (*Deroceras reticulatum*) in Feldkulturen im Jahr nach dem Steppensommer 1959 auf den „eisernen Bestand" reduziert, während sie dort in

Jahren mit durchschnittlichem oder niederschlagsreicherem Witterungsverlauf in beachtlichen Individuenzahlen auftrat (Abb. 2).

Eine weitere wesentliche Eigenschaft des Mediums Luft in tierökologischer Sicht ist ihre permanente Bewegtheit; absolute Luftruhe ist nur in abgeschlossenen kleinen und kleinsten Räumen auf die Dauer gewährleistet. Luftströmungen fördern oder behindern die Flugbewegung und verstärken die Verdunstung.

Vögel fliegen beim Start gegen den Wind, weil sie dadurch schneller an Höhe gewinnen, lassen sich dann vom Rückenwind treiben und landen wieder gegen den Wind, indem sie dessen Bremswirkung ausnützen. Segelfliegende Arten verstehen darüber hinaus thermisch entstandene Aufwindschläuche (Konvektion) bei geringem Kraftaufwand zu nutzen.

Horizontale Luftströmungen (Advektion) enthalten in Bodennähe aufgenommene Duftqualitäten, die darauf eingestellte Tiere veranlassen, sich entweder auf die Duftquelle hin (attraktive Wirkung) oder im Falle einer drohenden Gefahr (z. B. Witterungsvermögen des Wildes) repulsiv von ihr weg zu bewegen. Der Flug koprophager Insekten verläuft gegen das Duftgefälle; die genaue Ortung des Eiablageplatzes erfolgt auf einer immer enger werdenden Flugspirale (z. B. *Geotrupes stercorarius* L.).

Große Bedeutung kommt der passiven Verfrachtung von Tieren durch kräftige, meist mit dem Vordringen von Wetterfronten verbundene Advektionsströmungen zu. Diese als anemochore Ausbreitung bezeichnete Erscheinung ist für kleinere und leichte Tiere von großer Effektivität. Der Erfassung des passiv verfrachteten Aeroplanktons mit Hilfe von Flugzeug-Netzfängen in unterschiedlicher Höhe über dem Erdboden stehen neuere Untersuchungen des aktiven Fluges terrestrischer Insekten bis mindestens 30 km Entfernung von der Küste gegenüber. In den auf Feuerschiffen der Nord- und Ostsee aufgestellten Farbschalen fingen sich Insekten, vor allem Dipteren (zu 95%), die vorwiegend Biotopen der Küste, aber auch solchen des Binnenlandes entstammten.

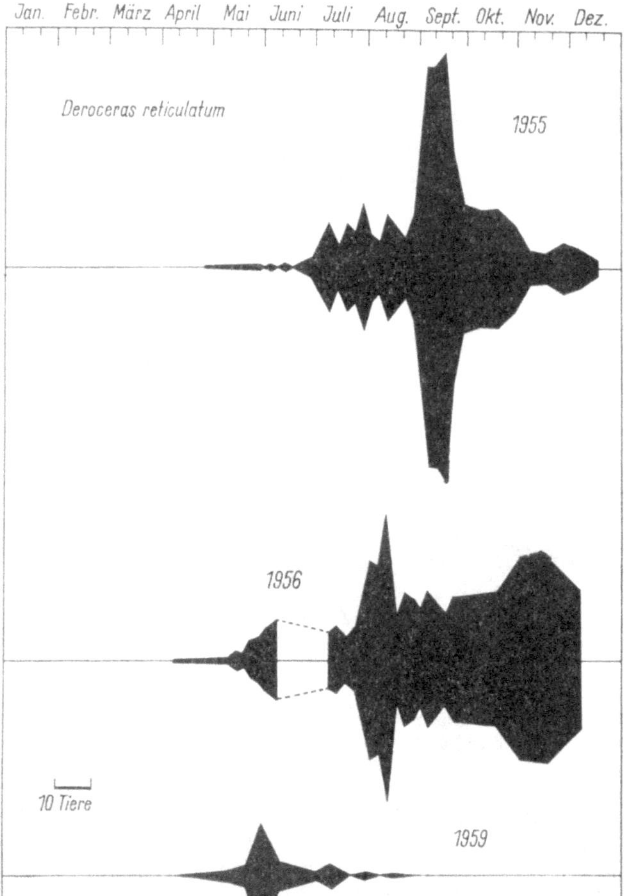

Abb. 2. Oszillationen der Aktivitätsdichte der Genetzten Ackerschnecke (*Deroceras reticulatum*) in Bodenfallen während vier durch starke Unterschiede im Witterungsverlauf gekennzeichnete Jahre, 1960 nur vereinzelte Exemplare (Luzerneflächen im Raum Leipzig; Original)

Die Überflugintensität ließ in jedem Falle eine deutliche Abhängigkeit von den tageszeitlich verschiedenen Windrichtungen erkennen (Abb. 3), war jedoch im Gegensatz zum verdrifteten Aeroplankton um so größer, je geringere Werte die Windgeschwindigkeit aufwies.

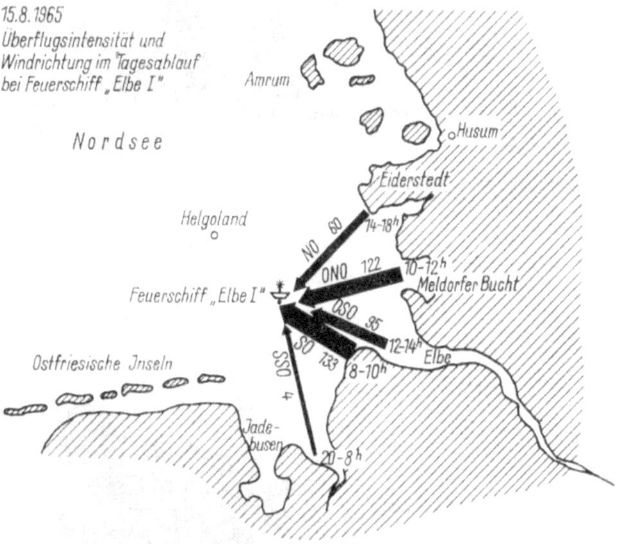

Abb. 3. Insektenüberflugintensität bei Feuerschiff „Elbe I“ in Abhängigkeit von der Windrichtung, der Tageszeit und der Entfernung zur Küste am 15. 8. 1965 (nach Heydemann)

Die übrigen vom Luftmedium bestimmten Faktoren, wie der Luftdruck und die Luftelektrizität, sind in ihren Wirkungen auf die Tierwelt von geringerer Bedeutung. Die in den Kleinsthöhlen des Bodens vorhandene Bodenluft stellt einen eigenen Lebensraum mit spezifischen Eigenschaften dar. Besondere ökologische Bedeutung kommt auch der Grenzfläche zwischen dem Luftraum und dem Boden, dem Epigaion der verschiedenen Landbiotope zu.

Die atmosphärische Luft ist zwar ein relativ homogenes, aus fast konstant 78% Stickstoff, 21% Sauerstoff und

0,03% Kohlendioxid bestehendes, aber sehr wenig dichtes und deshalb nur schwach tragfähiges Medium. Es eignet sich deshalb nicht als Daueraufenthaltsraum wie das Wasser und entbehrt einer eigenständigen Tierwelt. Den aktiv fliegenden Warmblütern sind bezüglich der Körperausmaße relativ enge Grenzen gesetzt. Deshalb machen die Insekten den bei weitem größten Anteil aller „fliegenden Lufttiere" aus.

2.2.4. Wasser und wäßrige Flüssigkeiten als Medien

Im Gegensatz zur Luft besitzt Wasser eine 775mal größere Dichte und eine 100mal größere Viskosität. Beide Eigenschaften sind temperaturabhängig: Zunahme der Temperatur setzt beide herab. Bei 25 °C beträgt die Viskosität des Wassers nur noch die Hälfte derjenigen bei 0 °C Temperatur. Ein Anstieg des Salzgehaltes erhöht sowohl die Dichte als auch die Viskosität des Wassers.

Der Salzgehalt stehender und fließender Binnengewässer schwankt je nach Lage und Jahreszeit zwischen 0,05 und 0,4‰. Im Küstenbereich mischt sich das Flußwasser mit dem Meereswasser, das im ozeanischen Bereich einen Salzgehalt von etwa 35‰, in Nebenmeeren, wie z. B. in der Ostsee, zwischen 2 und 15‰ aufweist. Fische, die zum Laichen vom Meer in Süßwasserbäche aufsteigen (anadrome Arten) und solche, die aus dem gleichen Grunde vom Süßwasser ins Meer wandern (katadrome Arten), können als temporär- oder zyklisch-holeuryhaline Arten bezeichnet werden. Andere Arten von Wassertieren, die nicht die gesamte Salinitätskala zwischen 0,1 und 35‰ ertragen, aber trotzdem eine breite Salztoleranz aufweisen, werden in die Kategorie der euryhalinen Tiere eingereiht. Sie sind meist auch dem Wechsel des Salzgehaltes im Brackwasserbereich gewachsen.

Stenohalinie tritt sowohl im Meerwasser als auch im Süßwasserbereich auf. Der nach dem Umsetzen vom normalen in hypo- oder hypertonisches Milieu eintretende

Tod ist eine Folge der Störung des osmotischen Gleichgewichtes der Individuen. Da hypertonische Süßwassertiere in einem Milieu mit wesentlich schwächerer Salzkonzentration leben, müssen sie über die Fähigkeit zur Osmoregulation verfügen, mit deren Hilfe sie das auf physikalischem Wege aus dem hypotonischen Milieu in den Körper eingedrungene Wasser aktiv aus diesem wieder entfernen. Das Fehlen eines solchen osmotischen Gefälles zwischen Außenmedium und Körperflüssigkeit, als Isotonie bezeichnet, stellt einen energiesparenden Gleichgewichtszustand dar.

In Salzwasser dominieren die Chloride, in Süßwasser die Karbonate, insbesondere Kalziumbikarbonat; alle übrigen anorganischen Bestandteile der Gewässer treten hinter diesen beiden Gruppen zurück. Außerdem sind im Süßwasser organische Stoffe, z. B. Humusstoffe, in wechselnder Menge enthalten, die zusammen mit den in Industrie- und Haushaltabwässern enthaltenen Fremdstoffen bestimmte Eigenschaften der Gewässer verändern und meist auch antibiotische Wirkung haben.

Die Wassermassen großer Binnenseen weisen einen relativ gleichartigen Zyklus auf, der in den gemäßigten Breiten nach der Winterstagnation im Frühjahr mit der Erwärmung und Winddurchmischung der obersten Wasserschichten beginnt, schließlich die tieferen Schichten erfaßt und zur Frühjahrs-Vollzirkulation führt (Abb. 4). Während der Sommermonate bauen sich drei Stockwerke im Wasser auf: Die dem unmittelbaren Einfluß der Atmosphäre unterliegende, eine geringes Temperaturgefälle aufweisende Oberschicht oder das Epilimnion, darunter das durch sprunghaftes Absinken der Wassertemperaturen charakterisierte Metalimnion („Sprungschicht“) und die Tiefenschicht oder das Hypolimnion mit einer während des ganzen Jahres gleichbleibenden Temperatur von 4 °C. Diese stabile Phase wird als Sommerstagnation bezeichnet und bleibt bis zur Abkühlung der Seenoberfläche im Herbst erhalten. Nach Eintritt der spätherbstlichen Homothermie vermag der

Wind in Verbindung mit Konvektionsströmungen eine zweite, die Herbst-Vollzirkulation auszulösen. In dieser Phase findet zugleich ein Ausgleich der während der Sommerstagnation eingetretenen Stoffkonzentrations-

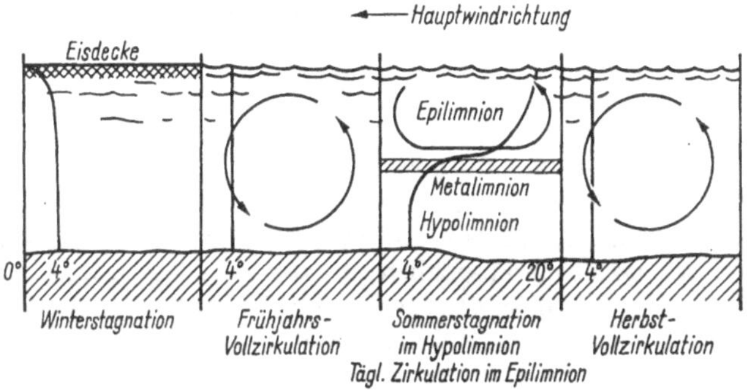

Abb. 4. Jahreszeitliche Temperaturschichtung in einem dimiktischen Binnensee der gemäßigten Breiten (Schema)

unterschiede statt, der bis dahin durch das Metalimnion verhindert wurde. Während der Wintermonate kann die Oberflächentemperatur unter 4 °C absinken und bei Windstille zur Entstehung einer Eisdecke führen, welche die tieferen Wasserschichten ein zweites Mal am Austausch mit der Oberfläche hindert: Winterstagnation.

Der Sauerstoffgehalt des Epilimnions schwankt mit dem Steigen oder Fallen der Wassertemperaturen. Eine Sauerstoffübersättigung kann eintreten, wenn unter überoptimalen Verhältnissen im Frühjahr die Primärproduktion der Wasserpflanzen sehr rasch zunimmt. Der Nährstoffanreicherung im Epilimnion, die deshalb auch als trophogene Schicht bezeichnet wird, stehen die sauerstoffzehrenden Abbauvorgänge im tropholytischen Hypolimnion gegenüber, während das Metalimnion eine Mittelstellung einnimmt.

Die aus den trophogenen Wasserschichten beständig herabrieselnde tote und lebende organische Substanz zersetzt sich in tieferen Schichten bei Sauerstoffverbrauch, so daß sich während der Sommerstagnation im Hypolimnion ein zunehmendes Sauerstoffdezifit bemerkbar macht, das sich auf die Fauna in diesen Tiefen auswirkt und erst durch die folgende Vollzirkulation wieder ausgeglichen wird.

Der geschilderte Zirkulationsrhythmus zeigt vom Großklima abhängige Varianten und verläuft nur in gemäßigten Breiten unter zweimaliger Vollzirkulation ab: dimiktischer Seentyp. In den Tropen hat die Schichtung unterschiedlich lange Dauer (oligomiktischer Typ) oder kommt dort in größeren Höhenlagen kaum noch für längere Zeit zustande (polymiktische Seen).

Das Wasser von Klarwasserseen enthält höchstens Spuren von Humussubstanzen. Wenn es arm an Nährstoffen und Phytoplankton ist und während des ganzen Jahres eine fast ausgeglichene Sauerstoffschichtung erkennen läßt, gehört der See dem oligotrophen Seentyp an. Weist das Wasser als Folge des Reichtums an Pflanzennährstoffen reichlich Phytoplankton, welches ihm eine leicht gelbliche Färbung verleiht, ferner während des Sommers eine deutliche Sauerstoffschichtung und am Boden typischen Faulschlamm auf, handelt es sich um den nährstoffreichen eutrophen Seentyp.

Seen mit gelb- bis braungefärbtem Wasser, das reich an eingeschwemmten (allochthonen) Humusstoffen, aber arm an Kalk ist, werden dystrophe Braunwasserseen genannt. Ihr Wasser zeigt stets eine klare Sauerstoffschichtung. Als Maß für den Trophiegrad gilt die Biomasseproduktion der trophogenen Schicht, die letztlich im hochsommerlichen Sauerstoffschwund des Hypolimnions zum Ausdruck kommt. In dystrophen oder durch Zufluß von Abwässern stärker belasteten Seen bilden die eingeschwemmten Stoffe eine weitere Quelle abbaufähiger (saprotropher) Substanzen.

Völlig andere abiotische und biotische Verhältnisse herrschen in binnenländischen Flachgewässern, in Teichen und Tümpeln. Ihre Wassermassen erwärmen sich oder durchfrieren in relativ kurzer Zeit bis zum Grunde; leichter Wind vermag jederzeit eine mehr oder weniger vollständige Wasserturbulenz zu erzeugen, die sekundär in der Horizontalverteilung des Zooplanktons zum Ausdruck kommt. Die Tagestemperaturamplitude eines 2 m tiefen Teiches kann 2 °C, die eines Tümpels von 0,6 m Tiefe etwa 10 °C betragen. Je kleiner und flacher solche stehenden Gewässer sind, desto extremer werden die Milieubedingungen, denen nur Tierarten mit entsprechend hohen Toleranzen gegen Überwärmung, Sauerstoffschwund, Austrocknung im Sommer und Einfrieren im Winter widerstehen können. Flachgewässer stellen weniggliedrige Ökosysteme dar, in denen einzelne Arten zu Massenvermehrungen neigen und dann den Hauptanteil des gesamten Stoffumsatzes bestimmen. Demzufolge ist der Sauerstoffgehalt zu allen Tages- und Jahreszeiten starken Schwankungen ausgesetzt. Die Aufnahme von Luftsauerstoff über die Wasseroberfläche reicht meist nicht zur Deckung des Bedarfes aus, der offenbar insbesondere durch die stark temperaturabhängige bakterielle Atmungstätigkeit saprotropher Flachgewässer bestimmt wird. Auch der Bodenschlamm solcher Gewässer hat einen hohen Sauerstoffbedarf.

Im Gegensatz zu Seen, die geschlossene Systeme mit einem weitgehend autochthonen Stoffkreis darstellen, sind Fließgewässer, d. h. Bäche, Flüsse und Ströme, offene Systeme mit beständig in derselben Richtung fließendem Wasser- und Stofftransport. Temperatur und Strömungsgeschwindigkeit hängen von geologischen und topographischen Verhältnissen ab, die das Gefälle des Flußbettes bestimmen. Die geringsten Jahrestemperaturamplituden weist die Quellregion mit weniger als 5 °C auf. Im Oberlauf werden noch nicht 10 °C, im Mittellauf mehr als 10 °C Jahresdifferenz erreicht. In beiden Abschnitten steigt die Wassertemperatur an der Wende März/April von 4 °C fast unvermittelt auf etwa 10 °C an. Im Unterlauf können Amplituden von über 15 °C gemessen werden. Streckenweise Beschattung des Flußlaufes und kühlere Zuflüsse führen zu lokalen Temperaturdifferenzierungen.

Die Art des Bach- oder Flußuntergrundes läßt auf

die Fließgeschwindigkeit des Wassers schließen: Über Schlamm beträgt sie nicht sehr viel mehr als 10 cm/s, über Sand mittlerer Korngröße etwa 20 cm/s, über Kies fast das Doppelte davon und über grobem Gesteinsgeröll bis zu 120 cm/s: Die Korngröße der Flußsedimente nimmt vom Ober- zum Unterlauf hin ab.

Die Geschwindigkeit des fließenden Wassers wird sowohl an beiden Ufern als auch am Gewässerboden gebremst, hinter Steinen treten im Strömungsschatten Ruhigwasserbezirke auf. Der Verdriftung wirken spezialisierte Anpassungen der Fließwassertiere entgegen. Im Oberlauf bewährt sich bei Fischen der hydrodynamisch begünstigte runde Körperquerschnitt; zum Unterlauf hin nimmt ganz allgemein die Artenzahl der Schwimmer zu. Die meisten Arten aller Fließwassertiere gehören der Bodenfauna an, leben in Totwasserbereichen, in den Hohlräumen zwischen den Steinen, die das hyporheische Lückensystem bilden, oder in Pflanzenbeständen. Der Unterlauf (Flußbereich) ist bei geringerer Fließgeschwindigkeit durch stärkere Wassertrübung ausgezeichnet, die in großen Strömen das Eindringen von Licht völlig verhindern kann.

Die Temperatur des Wassers bestimmt zugleich sein Aufnahmevermögen für Sauerstoff, das bei 0 °C 9,7, bei 10 °C 7,8, bei 20 °C 6,3 und bei 25 °C nur noch 5,8 ml/l beträgt. Auf den Unterschieden der abiotischen Umweltfaktoren beruht die Zonierung der Fließgewässer mit ihren jeweils spezifischen Tierartenspektren.

Die Existenz kleiner Wasseransammlungen hängt von ihrem Volumen ab; je kleiner dieses ist, desto häufiger haben jene ephemeren Charakter. Selbst Regenpfützen, wassergefüllte Radspuren in weichem Boden und in blattscheidenumhüllten Achseln bestimmter Pflanzen festgehaltenes Wasser, sogenannte Phytotelmen, haben ihre eigene, an die besonderen Umweltverhältnisse angepaßte poikilotherme Tierwelt.

Die Mehrzahl der Endoparasiten lebt in einem wäßrigen Milieu besonderer Art. Dies gilt für im Gewebe von grünen Pflanzenteilen minierende Insektenlarven ebenso wie für im Blut von Homoiothermen treibende Parasiten. Darmparasiten leben in einem nährstoffreichen, gleichwarmen, aber in der Regel sauerstoffarmen Milieu, dem sie jeweils in spezifischer Weise angepaßt sind. Eine besondere Anpassung der Darmschmarotzer (z. B. Cestoden) stellt die Bildung von Antifermenten dar, welche die Digestion des eigenen Körpers durch die Verdauungsfermente des Wirtsdarmes verhindern. Diese aktive physiologische Leistung des Parasiten versagt im Augenblick seines Absterbens, mit dem die Auflösung seines Körpers einsetzt.

2.2.5. Böden und andere feste Medien

Festlandböden sind entweder Unterwasser-, Überflutungs- und Grundwasserböden oder Landböden. Am Boden von stehenden Binnengewässern bildet sich entweder Gyttja, wenn dessen oberste Schichten gut mit Sauerstoff versorgt sind, oder bei starker Sauerstoffzehrung Sapropel, in dem nur noch Bakterien und bestimmte Ciliaten zu existieren vermögen. In Gyttjaschichten lebt eine reichere, vor allem von Chironomidenlarven bestimmte Fauna. Starke Anhäufung pflanzlicher Totsubstanz am Boden von Teichen oder Tümpeln führt zur Entstehung einer spezifischen „Förna" oder von Unterwassertorf, der nach der in ihm vorherrschenden Pflanzenart benannt wird (Schilf-, Hypnum-, Carextorf u. a.). Die an der Zersetzung des Materials beteiligten Organismen sind aquatischer Herkunft und zeichnen sich meist durch Säureresistenz und thermische Eurypotenz aus.

Bei den Überflutungs- und Grundwasserböden, die auch als semiterrestrische Böden bezeichnet werden, bestimmt das Überflutungsmedium, Salz- oder Süßwasser, die Zusammensetzung der Faunen. Intensität des Wellenschlages und Gezeitenwirkung selektieren nicht nur bestimmte Korngrößen des mineralischen Substrates, sondern über die Sauerstoffzufuhr auch das Artenspektrum der bewegungsaktiven Tierwelt, die sich in das Lückensystem des Supralitorals einfügt. Abnahme der Wasserbewegung führt zur Ablagerung feinerer, auch toniger

Bodenteilchen, die das Lückensystem schließen und nur noch aktiv grabenden marinen und terrestrischen Tierformen zu existieren ermöglichen. An den Ufern salzfreier Binnengewässer bestimmt die Korngröße des Gesteinsmaterials die Zusammensetzung der vorwiegend episitisch oder saprophag lebenden Tierwelt. Auch im Lückensystem dieser Bereiche lebt eine spezifische Tierwelt, die als Psammon bezeichnet wird und deren Gepräge in erster Linie von Rotatorien bestimmt wird.

Die Bodentiergemeinschaften solcher Grundwasserböden, deren Pflanzenabfall aus klimatischen Gründen und wegen stärkster Durchfeuchtung nicht oder nur zum geringen Teil verarbeitet werden kann, wie es in Flach- und Hochmooren der Fall ist, vermögen nur auf der Oberfläche der Pflanzenpolster zu existieren. Sie erscheinen in Mitteleuropa deshalb stenök, sind jedoch nur an das in solchen Gebieten herrschende Ökoklima gebunden und besetzen in Nordeuropa ein ausgedehnteres, nicht nur an Moore gebundenes Areal.

Nur zeitweise überflutete semiterrestrische Böden weisen durch Staunässe entstehende Gleyschichten (Reduktionshorizonte) auf, die entweder an deren Oberfläche liegen und in diesem Falle zumeist von aquatischen Tieren besiedelt sind und sich als „anmoorige" Flächen fast nicht von Unterwasserböden unterscheiden, oder sich bei tieferen Grundwasserstand in der entsprechenden Bodentiefe vorfinden. Solche Verhältnisse sind beispielsweise für Auböden typisch, deren Fauna sich sowohl aus Wasser- wie aus Landtierarten zusammensetzt. Auböden bestehen aus frisch abgelagerten Sedimenten unterschiedlicher Korngröße, die humus- und tierarm sind, und ortsfesten Bodenschichten mit einer spezifischen, z. T. überschwemmungsresistenten Fauna.

Ältere braune Auwaldböden, die nicht mehr oder nur noch selten überflutet werden, zählen im Hinblick auf ihre Fauna bereits zu den Landböden. Diese zeigen alle Übergänge von absoluten Rohböden bis zu sehr humus- und tierreichen dunklen Böden. Je leichter ein Landboden austrocknet, desto tierartenärmer ist er, je mehr er organische Abfälle in Form von Rohhumus, Moder oder Mull enthält und je feuchter er ist, desto reicher ist sein Tierartenspektrum.*)

Jedes feste Medium bietet Tieren zwei besiedlungsfähige Schichten an: Oberfläche und Innenbereich. Die Substratoberfläche stellt eine Grenzfläche zwischen zwei Medien mit spezifischen Grenzflächenbedingungen dar, ist starken Schwankungen der abiotischen Faktoren unterworfen und stellt aus diesem Grunde an die ökologische Potenz der sie besiedelnden Tiere hohe Anforderungen. Gemeinsames Merkmal des unter der Oberfläche liegenden Substratinnern ist seine Lichtlosigkeit und die Abnahme des Einflusses der Wärmestrahlung von außen, die nur noch die oberen Schichten erreicht, hier aber einen ausgesprochenen Tagesgang aufweisen kann.

2.3. *Nahrung und Ernährung*

2.3.1. *Ernährungsweisen*

Als heterotrophe Lebewesen sind Tiere Sekundärproduzenten organischer Stoffe. Ihre Nahrung besteht in lebender oder lebloser (abgestorbener) organischer Substanz.

Biophage (Lebendsubstanzfresser)

Phytophage	Zoophage (= Karnivore)
Herbivore (Krautfresser)	Insectivore = Entomophage (Insektenfresser)
Phyllophage (Blattfresser)	Myrmekophage (Ameisenfresser)
Xylophage (Holzfresser)	Piscivore (Fischfresser)
Mycetophage (Pilzfresser) u. a.	Haemophage (Blutsauger) u. a.

Nekrophage (Totsubstanzfresser) < Saprophage, Koprophage

*) Über weitere chemische und physikalische Eigenschaften des Bodens orientiert Band 17 der WTB-Reihe: PALISSA, Bodenzoologie in Wissenschaft, Naturhaushalt und Wirtschaft.

Die Größe phytophager Landtiere bestimmt den Umfang der nach der Mahlzeit von der Futterpflanze übrigbleibenden Masse. Weidende Huftiere lassen lediglich den Wurzelanteil zurück und können deshalb als Herbivore im engeren Sinne oder, im Vergleich zu den Verhältnissen bei Zoophagen, auch als Phytepisiten bezeichnet werden; die Pflanze fällt ihnen mehr oder weniger vollständig zum Opfer. Kleinere Tierarten beschränken sich auf die Entnahme bestimmter Organe der Pflanzen, etwa der Wurzeln, der Blätter oder Nadeln; es sind Phytophage im engeren Sinne, die sich meist auf bestimmte äußere oder innere Bereiche der Pflanze beschränken und sich deshalb auch nicht unbedingt gegenseitig Konkurrenz machen. Pflanzenbewohner (z. B. in den Blättern minierende Insekten) sind echte Phytoparasiten und in der Regel sehr viel kleiner als die Wirtspflanze. In vielen Fällen findet sich die Pflanze nicht einfach mit dem ihr zugefügten Schaden ab, sondern reagiert als lebender Organismus beispielsweise durch Gewebeneubildungen, solange sie im Besitz ihrer vollen Vitalität ist. Physiologisch geschwächte Pflanzen vermögen dem Angriff endoparasitisch lebender Insekten wenig oder keinen Widerstand mehr entgegenzusetzen, begünstigen ihn unter Umständen sogar. Ekto- und Endophytoparasiten schaden den Pflanzen, vor allem den Nutzpflanzen-Monokulturen meist erst dann, wenn sie in großen Zahlen auftreten.

Art und Umfang der Fraß- oder Saugschäden an Pflanzen lassen nicht in jedem Falle direkt auf die Urhebertierart schließen. Demgegenüber sind die von Insektenlarven im Inneren pflanzlicher Organe verursachten Fraßspuren hinsichtlich Gestalt und Lage meist so typisch, daß sich aus ihnen unmittelbar die Art des Erzeugers ableiten läßt: Minenbildungen. In Blättern, Nadeln, Stengeln oder Früchten minierende Arten durchlaufen entweder ihre Entwicklung bis zur Verpuppung innerhalb der Mine oder aber nur ein oder einige Larvenstadien, um ihre Entwicklung dann als Blattsubstanzfresser fortzusetzen oder sich nach Abschluß der Larvenzeit außerhalb der Mine am Blatt oder im Erdboden zu verpuppen.

Faltenminen und die Mehrzahl aller anderen Minen ohne Kotspuren im Innenraum sind meist auf Lepidopterenlarven zurückzuführen. Dasselbe gilt für sämtliche in Koniferennadeln auftretenden Minen. Die Afterraupen der Blattwespen erzeugen nur Platzminen, nicht jede Platzmine stammt jedoch von einer Blattwespenlarve. Minen mit beiderseitig hintereinander oder alternierend abgesetzten Kotpartikeln gehen auf die Tätigkeit von Dipterenlarven zurück. Schließlich gibt es noch eine Vielzahl sehr verschiedengestaltiger Gangminen, deren Breite von der nur vorwärts fressenden und heranwachsenden Larve bestimmt wird, also spitz beginnt, allmählich breiter wird und in einer Erweiterung endet.

Im Gegensatz zu den Minenerzeugern, die nur Haut- und Zweiflügler, Käfer und Schmetterlinge sein können, reicht das Spektrum der Gallenerzeuger oder Cecidozoen von den Nematoden über die Milben bis zu fast allen Insektenordnungen.

Markgallen sind massive Gewebewucherungen, die den Erregerorganismus vollständig einschließen und deren innere Gewebetapete zugleich auch dessen Ernährung sichert. Diesem Gallentyp stehen Bildungen des Pflanzengewebes gegenüber, die durch außen an der Blattfläche verbleibende, einen Stechrüssel tragende Arten hervorgerufen werden. Auf diese Weise entstehen Kräuselungen, Haar-, Filz- und Faltengallen, und Aufwölbungen des Blattrandes oder der Blattfläche, beutelförmige Gebilde oder Beutelgallen, die den Erzeuger in manchen Fällen ebenfalls vollständig einschließen und dann als Mantel- und Umwallungsgallen bezeichnet werden. Die Gallenbildung kann sich auf begrenzte Gewebepartien beschränken (histoide Gallen) oder in anderen Fällen mehr oder weniger umfangreiche Teile der gesamten Pflanze erfassen (zusammengesetzte oder organoide Gallen). Durch die Bildung von Gallen lokalisiert und neutralisiert die betroffene Pflanze die von den Gallenerzeugern gesetzte Reizung.

Empfindliche Schäden rufen in erster Linie zusammengesetzte Sproß- und Wurzelgallen hervor. Im allgemeinen leben die Gallenerzeuger nur während ihrer Larvenzeit in den Gallen, die Verpuppung erfolgt meist außerhalb. Lediglich bei manchen gallenerzeugenden Blattläusen, z. B. in den Ananas- oder Komplexgallen der Fichtengallenlaus (*Sacchiphantes viridis* Ratz.) bleibt das sich parthenogenetisch vermehrende Muttertier samt der Folgegeneration in der Galle eingeschlossen.

Manche holzbewohnenden Insekten (Lymexylonidae, Scolytidae, Platypodidae) beschreiten durch die Heranzucht von Ambrosiapilzen in sogenannten Pilzgärten noch einen anderen Weg zur Bereitstellung von Nahrung für ihre Larven. Diese sogenannten Ambrosiakäfer leben mit den Pilzen in symbiotischen Beziehungen: Symbiontophagie.

Der Übergang von der Phytophagie zur Phytosaprophagie ist fließend. Manchen Parasiten wird es erst möglich, auf oder in der Wirtspflanze Fuß zu fassen, wenn diese bereits durch einen Primärschädling angegangen ist. Schwächeparasiten, die wie der Buchdrucker (*Ips typographus* L.) physiologisch geschwächte Fichten befallen und deren Vitalität damit noch weiter herabsetzen, ebnen auf diese Weise einer Anzahl anderer Folgeparasiten den Weg. Als Nachfolger des Fichtenborkenkäfers treten vor allem Bockkäfer (*Monochamus sartor* F. und *Leptura rubra* L.) im absterbenden und toten Fichtenholz in Erscheinung. Unter natürlichen Verhältnissen bilden die Sekundärparasiten eine zeitliche Folge von Holzsubstanzfressern. Letzte Glieder einer solchen Sukzession sind die in Stöcken und Stubben lebenden Mulmbereiter, die zu den Phytosaprophagen oder Saproxylophagen zu zählen sind.

Die überwiegende Mehrzahl der saprophagen Tierarten ist an die Bodenoberfläche und die obersten Bodenschichten sämtlicher Biotope gebunden, weil sich in diesem Stratum abgestorbene Pflanzenteile und tote Tiere aller Größenordnungen konzentrieren. Die Individuenzahlen der Detritusfresser übertreffen diejenigen der Episiten stets um das Mehrfache.

Zu den Nahrungsstoffen pflanzlichen Ursprungs gehören auch Blütennektar und -pollen, die besonders an Wundstellen der Bäume austretenden Baumsaft- und Harzausscheidungen sowie die Vielzahl der verarbeiteten Materialien (z. B. Textilien) und die Lebensmittelvorräte.

Auch im Bereich der Zoophagen entspricht, von Ausnahmen abgesehen, die relative Körpergröße dem Ernährungstyp: Räuberisch lebende Tiere, als Zooepisiten oder Prädatoren bezeichnet, überwältigen meist gleichgroße und natürlich auch kleinere, selten jedoch Beutetiere, die ihnen an Körpergröße überlegen sind. Nicht in jedem Falle wird die Beute vollständig gefressen, oft werden bestimmte Teile oder Organe bevorzugt. Prädatoren schlagen während ihres individuellen Lebens viele Beutetiere, während sich die Zooparasiten im allgemeinen mit einem Wirtstier begnügen, das sie an Körpergröße übertrifft und soviel Nahrung bietet, daß diese mindestens den Abschluß der Entwicklung des Parasiten garantiert.

Viele an sich zoophage Tierarten verschmähen zeitweise sowie unter pessimalen Ernährungsbedingungen Tierkadaver und selbst Tierkot nicht. Die Grenzen zwischen Zoophagie und der Sapro- bzw. Koprophagie sind in vielen Fällen durchaus unscharf. Schließlich ernähren sich stark spezialisierte Insektenarten, wie die Haar- und Federlinge von toten Substanzen des Warmblüterkörpers, wie z. B. von Hautschuppen, Haaren und Federn.

Hornsubstanzfressende und viele parasitisch lebende Insekten zählen zu den extrem stenophagen Tierarten, deren Nahrungsaufnahmepotenz sehr eng ist und zugleich einer strengen Monophagie entspricht. Die Mehrzahl der Tiere zeigt allerdings mehr oder weniger euryphages Verhalten, das von der Oligophagie über die Polyphagie bis zur Pantophagie reicht.

Oligophage Tierarten beschränken sich auf Nahrungspflanzen, die der gleichen Verwandtschaftsgruppe angehören, wie z. B. der Wolfsmilchschwärmer (*Deilephila euphorbiae* L.) auf Pflanzen der Gattung *Euphorbia* oder bestimmte Schlupfwespenarten auf die Angehörigen einer Wirtsinsektenfamilie. Webespinnen wählen unter den in ihr Netz geratenen geflügelten Insekten nicht aus,

Maikäfer-Engerlinge gehen sämtliche für sie erreichbaren Wurzeln an und ihre Imagines die Blätter vieler Laubhölzer. Das Nahrungsspektrum der Greifvögel ist in der Regel ebenfalls breit und beschränkt sich nicht nur auf Warmblüter. Die angeführten Beispiele entsprechen polyphagem Verhalten und leiten über zu den Omnivoren, wie z. B. den Schaben, einigen Laufkäfern, der Stockente und der Wanderratte, von denen man trotz ihres umfangreichen Speisezettels allerdings nicht behaupten kann, daß sie wirklich alles fressen.

Sämtliche Tierarten treffen, wenn ihnen die Möglichkeit dazu geboten ist, eine Auswahl unter den Nahrungsobjekten. In diesem Sinne sind die *Haupt-* von der *Nebennahrung* sowie die *Vorzugsnahrung* von der *Gelegenheits-* und *Verlegenheitsnahrung* zu trennen. Bei länger andauerndem Mangel an artspezifischem Futter wird schließlich auch *Notnahrung* angenommen.

Besonders eindeutig ist das Beutetierspektrum von Greifvögeln zu ermitteln, weil das von ihnen ausgestoßene Gewöll die knöchernen Anteile der aufgenommenen Nahrung fast vollständig enthält. Bei der Gegenüberstellung verschiedener Landschaften zeigt sich zudem, daß die Zahlen zwar vom Angebot an Nahrungstieren abhängen, im großen und ganzen jedoch gut übereinstimmen (Abb. 5).

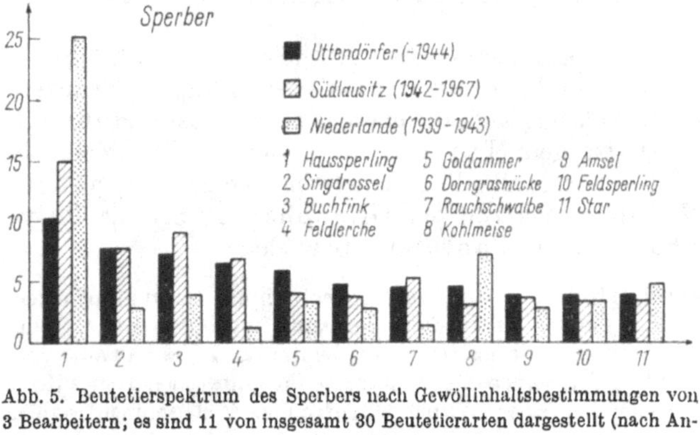

Abb. 5. Beutetierspektrum des Sperbers nach Gewöllinhaltsbestimmungen von 3 Bearbeitern; es sind 11 von insgesamt 30 Beutetierarten dargestellt (nach Angaben von KRAMER, Original)

Art und Menge der aufgenommenen Nahrung unterliegen häufig einem vom jeweiligen Entwicklungsstadium und von der Jahreszeit abhängigen Wechsel. Jungfische nehmen zunächst nur Nannoplankton auf, später auch größere Planktonten und, wenn es sich um Episiten handelt, umfangreichere Beutetiere. Eiraupen der Nonne (*Lymantria monacha* L.) sind anfänglich auf die noch weichen Nadeln der Maitriebe angewiesen, die kräftigeren Mandibel der letzten Raupenstadien bewältigen schließlich auch die sehr viel härteren Nadeln älterer Triebe. Bei Säugetieren drückt sich der Nahrungswechsel am Ende der Saugzeit im Übergang von der Milch- zur Vollnahrung aus. Insekten mit ausgeprägtem Generationswechsel, wie die Blattläuse, stellen mit dem Verlassen des Winterwirtes und dem Aufsuchen der Sommerwirtspflanzen ihre Nahrungspräferenz schlagartig um.

Jahreszeitlich gebundene Verschiebungen im Nahrungsspektrum sind auch von vielen Vogelarten bekannt, die in einigen Fällen (Star, Amsel, Krähenarten) sogar ihre Zuordnung in die Kategorie landwirtschaftlicher und forstlicher Schädlinge zweifelhaft werden lassen. Andererseits wechseln an Wildpflanzen lebende phytophage Insektenarten gelegentlich oder regelmäßig auf Kulturpflanzen über und können dadurch zu ausgesprochenen Schadtieren werden. Eingeschleppte oder eingeführte Schädlinge und Nützlinge gewöhnen sich gelegentlich unter den neuartigen Umweltverhältnissen auf andere Nahrungsobjekte um und können dadurch die eingespielten Beziehungen zwischen den Arten einheimischer Biozönosen empfindlich stören.

Andererseits gibt es Beispiele dafür, daß auch manche einheimischen Insektenarten jederzeit bereit stehen, auf Kulturpflanzen zu übersiedeln, wenn bestimmte Voraussetzungen erfüllt sind. Es gibt „verhinderte" Schädlinge, wie beispielsweise den Kirschenstecher (*Anthonomus rectirostris* L.). Diese Rüsselkäferart lebt auf kleinfrüchtigen Kirschenarten, etwa der Traubenkirsche (*Prunus padus*), deren Fruchtfleisch und Steinschale er mit dem Rüssel durchbohrt, um seine Eier direkt an den Kirschsamen abzulegen. Zur Zeit der Eiablage sind die Kulturkirschen bereits zu voluminös, als daß sein Rüssel noch das Innere der Steinfrucht erreichen könnte. Nur bei spät reifenden Sorten gelingt ihm das, solange die Kirschen der Größe von Traubenkirschen und ihr Halbmesser der

Rüssellänge entsprechen. Beim Kirschenstecher besteht offenbar eine ausgesprochene Neigung zur Belegung von Kulturkirschsorten, wie sich an der intensiven Suche nach in der Entwicklung zurückgebliebenen Kirschfrüchten erkennen läßt.

Ein weiteres Beispiel betrifft eine andere Rüsselkäferart (*Strophosomus lateralis* Payk.), deren Larve an Graswurzeln und deren Imago an Heidekraut leben. Nach dem Abbrennen und totaler Rodung von Heidekrautflächen ging dieser Rüßler auf junge Kiefern und Weißerlen über, mit denen die freigemachten Flächen bepflanzt worden waren. Dieser Fall macht wahrscheinlich, daß die fixiert erscheinende Stenophagie der Rüßlerart doch wohl auf einer labilen Erbstruktur beruht, die jederzeit die latente Gefahr des Überganges auf eine Kulturpflanzenart einschließt.

2.3.2. *Aufsuchen der Nahrungsquellen*

Nur selten bleibt das Auffinden der arteigenen Nahrung völlig dem Zufall überlassen. In das Appetenzverhalten von frischgeschlüpften Insektenlarven und neugeborenen Säugerjungen sind bestimmte Suchbewegungen eingeschlossen, die sie wie jedes hungrige Tier durch optische, akustische, taktile oder chemische Schlüsselreize zur Futterquelle hinleiten.

Bei vielen Insekten fällt das Aufsuchen des artgemäßen Nährsubstrates dem Muttertier zu, das seine Eier in dessen unmittelbarer Nähe bzw. in oder an dieses direkt ablegt. Die Suchschemata der legebereiten weiblichen Tiere sind oft recht kompliziert und können in einzelne, durch Umstimmungen voneinander getrennte Phasen aufgelöst werden. Besondere Leistungen vollbringen dabei solche Weibchen, die in reich gegliederten Umwelten leben oder deren Nahrungsraum nicht mit demjenigen der Larven übereinstimmt. So orientieren sich die den Boden verlassenden Maikäfer (*Melolontha melolontha*) zunächst nach demjenigen Horizontausschnitt, der eine große mittlere Silhouettenhöhe aufweist und einem Waldrand entspricht. Nach Abschluß des Reifefraßes an Laubbäumen und vollzogener Kopulation tritt bei den Maikäferweibchen eine Umstimmung im Verhalten ein. Sie fliegen zu ihren Brutgebieten zurück und landen auf Kahlstellen im Gelände mit lockerer Grasvegetation, wo sie zur Eiablage schreiten.

Die Weibchen von Braconidenarten, deren Larven in den Eiern und Junglarven der Rotklee-Sackträgermotte (*Coleophora deauratella* Z.) parasitieren, verlassen ihr in Rindenspalten von Obstbäumen gelegenes Überwinterungsquartier und steuern in Suchstimmung zunächst Rotkleebestände an, um dort systematisch die Blütenköpfe des Rotklees abzusuchen. Die Nahorientierung der einen, in Eiern parasitierenden Braconide (*Chelonus spec.*) ist dabei auf Blütenknospen, die der in den ersten Wirtslarvenstadien schmarotzenden anderen Art (*Agathis spec.*) auf bereits bestäubte Einzelblüten gerichtet. In beiden Fällen liefern nicht die von der Sackträgermotte bereits abgelegten Eier oder deren Larven den Schlüsselreiz, sondern die spezifische Entwicklungsphase der Einzelblüten des Kleeblütenkopfes.

An die Landung der Weibchen phytophager Insektenarten schließt sich die Prüfung des in Frage kommenden Pflanzenteiles auf seine Tauglichkeit für die Eiablage an. Kirschfruchtfliegenweibchen (*Ragoletis cerasi* L.) beispielsweise umlaufen die angeflogene Kirsche bis zu zehnmal in mehr oder weniger senkrecht aufeinanderstehenden Kreisbahnen. Während der Rüssel die Fruchtoberfläche betupft, wird der ausgestülpte Legeapparat nachgeschleppt und von ihm eine Duftspur gelegt, die von später anfliegenden Weibchen mit dem olfaktorisch betätigten Rüssel wahrgenommen wird. Auf diese Weise werden, solange noch unbelegte Kirschen vorhanden sind, Doppel- und Mehrfachbelegungen vermieden. Die Selektion des Wirtsorganismus geschieht bei dieser Art, wie bei der Mehrzahl der phytophagen Insekten, mit den am Kopfe befindlichen Geruchs- und Tastsensillen, bei parasitisch lebenden Insekten vorwiegend mit dem Ovipositor, der bei ihnen die entsprechenden Reize perzipiert.

Nicht minder erstaunlich sind die Leistungen der im Dienst der Nahrungssuche stehenden Sinnesorgane der Wirbeltiere. Greifvögel erkennen die Bewegung von Kleinsäugern aus großer Höhe, Eulen sogar noch in der Dämmerung. Raubtiere verfügen über ein im Vergleich zum Menschen fast unvorstellbar feines Witterungsvermögen. Fledermäuse orten ihre Beutetiere in der Dunkelheit durch Ultraschallwellenstöße von etwa 100 Phon Stärke. Offenbar nehmen sie primär die mit der Bewegung der Insekten verbundenen Geräusche wahr, so daß sie auch am Boden oder an Baumstämmen laufende Beutetiere zielsicher anzufliegen vermögen.

Zoophage Fische, Amphibien und Reptilien reagieren in erster Linie optisch auf sich bewegende Beutetiere; bei Eidechsen und Schlangen spielen auch auf der Zunge lokalisierte Sinneszellgruppen in Verbindung mit dem Jacobsonschen Organ eine Rolle.

2.3.3. Nahrungsmenge und Nährwert

Für viele Landtierarten ist der vom Alter des Individuums, seiner Aktivität und der Leistungsfähigkeit seines Verdauungsapparates abhängige tägliche Nahrungsbedarf bekannt. Homoiotherme verbrauchen zur Konstanthaltung ihrer Körpertemperatur um so mehr Nahrung, je kleiner sie sind, weil die Hautoberfläche kleinerer Arten relativ größer ist und deshalb mehr Wärme abstrahlt als diejenige größerer und damit schwererer Tierarten. Ein Zaunkönig (*Troglodytes troglodytes* L.) von 6,3 g Körpergewicht nimmt täglich 24,2% und ein Steinkauz (*Athene noctua* Scop.), der 178,5 g wiegt, täglich 6,5% seines Körpergewichtes an Nahrung auf.

Im allgemeinen ist das durch äußere Umstände erzwungene Hungervermögen unterschiedlich entwickelt; kleine Homoiotherme, wie die Spitzmäuse beispielsweise, können absoluten Nahrungsmangel nur ganz kurze Zeit überstehen, während Poikilotherme bei niederen Temperaturen Hunger begrenzte Zeit ertragen. Von vielen Landtierarten sind Hungerformen bekannt, die meist durch geringere Körpermaße auffallen. Der Nahrungsbedarf weiblich bestimmter Insektenlarven ist wegen der Schaffung von Reserven für die spätere Eibildung meist höher als der männlicher Larven, deshalb vertragen jene Mangelernährung und Hunger meist schlechter als diese. Aus Hungerzuchten mancher Schmetterlingsarten gehen deshalb weniger Weibchen als Männchen hervor.

Nicht in jedem Falle entscheidet die Quantität der Nahrung allein über die Vitalität der Individuen. An polyphagen und auch an oligophagen Tieren erweisen sich häufig die Aufschließbarkeit und die Qualität der Nahrung als in dieser oder jener Hinsicht bestimmende Faktoren. Mehlmottenlarven (*Anagasta kuehniella* Zeller) können an sehr verschiedenen menschlichen Nahrungsmitteln aufgezogen werden. An Bohnenschrot entwickeln sich noch immer die Hälfte aller Larven, an Haferflocken 15% und an Backobst nur noch 1% zu Faltern. Entsprechende Untersuchungen sind an Nonnenraupen (*Lymantria monacha* L.) durchgeführt worden, denen man während der gesamten Larvenentwicklung jeweils dieselbe Sorte Futter von einem Laub- oder Nadelholzbaum anbot. Während der drei ersten Raupenstadien war die Sterblichkeit an Kiefer relativ hoch, vom vierten Stadium an traten die Tanne und vom fünften zusätzlich die Erle hinzu. Die Mortalität der an Erle aufgezogenen Nonnenraupen des 6. Stadiums erreichte 86%, an Tanne 78%. Vollzählig wuchsen die Raupen sämtlicher Stadien an Eichenlaub auf.

An Arten, die pflanzliche und tierliche Nahrung aufnehmen, läßt sich zeigen, daß Tiernahrung eine höhere Nährwertvalenz aufweist als Pflanzenkost. Die Larven eines Aaskäfers (*Silpha obscura* L.) brauchten vom Verlassen der Eihülle bis zur ersten Häufung an Vogelaas 5,9, bei Mischkost 6,6 und bei ausschließlich vegetarischer Kost volle 9 Tage.

Junge Blätter und Nadeln sind ärmer an Zellulose, deshalb weicher und leichter verdaulich als ältere. Für Eilarven phytophager Insekten ist deshalb das Zusammentreffen ihres Schlupftermines mit dem Knospenaufbruch ihrer Nährpflanze, die Koinzidenz beider Phasen von größter Bedeutung. Sowohl das verfrühte Auftreten der Eilarven als auch ein verspätetes Aufbrechen der Blatt- oder Nadelknospen kann deren Hungertod zur Folge haben. Da es in jedem Pflanzenbestand jedoch Früh- und Spättreiber gibt, wird in den meisten Fällen der Totalausfall einer Generation verhindert.

Von Häutung zu Häutung werden die Mundwerkzeuge

kräftiger und mit der inzwischen derber gewordenen Blatt- oder Nadeloberfläche besser fertig. Mit zunehmendem Alter steigt der tägliche Nahrungsbedarf, während der in der Nahrungssubstanz enthaltene Nährwert immer schlechter genützt wird. Kiefernspanner-Jungraupen (*Bupalus piniarius* L.) verwerten die Nahrung, wie sich an Volumen und Gewicht des produzierten Kotes nachweisen läßt, unter gleichbleibenden Umweltbedingungen vollständiger als ältere, d. h. mit zunehmendem Alter sinkt der Stoffwechselquotient merklich ab.

Der Abstand zwischen zwei Mahlzeiten ist bei Phytophagen relativ kurz, kann aber bei Episiten und manchen Ektoparasiten auch recht groß sein, wenn nicht, wie bei den Zecken, eine dreimalige Blutmahlzeit, je einmal als Larve, Nymphe und adultes Tier, überhaupt ausreicht. Schlangen vermögen nach Überwältigung eines größeren Beutetieres Wochen oder Monate ohne Nahrung auszukommen. Entsprechendes gilt für Landtiere, die sich vor Eintritt der Winterruhe oder des Winterschlafes im eigenen Körper ein Nährstoffdepot anlegen.

2.3.4. Einfluß der Nahrung auf Fortpflanzung und Entwicklung

Der Eintritt der Geschlechtsreife hängt bei vielen Insektenarten eindeutig von der Ernährung während der Larvenzeit ab. Die Männchen der Kleidermotte (*Tineola bisselliella* Hummel) durchlaufen bei ausreichender Nahrung 4 Häutungen in 80 Tagen, die Weibchen unter den gleichen Umständen 5 Häutungen in 96 Tagen. Auf Hungerdiät gesetzte Mottenlarven häuteten sich in $2^1/_2$ Jahren bis vierzigmal. Erst wenn solchen Hungerraupen vollwertige Nahrung geboten worden war, erreichten sie nach einigen weiteren Häutungen das Puppenstadium und lieferten normale Falter.

Durch Unterernährung, wie sie vor allem zur Zeit der Kulmination von Insekten-Massenvermehrungen als Folge der intraspezifischen Konkurrenz häufig zu beobachten ist, werden weniger Ovariolen ausgebildet, und die Anzahl der pro Weibchen produzierten Eier bleibt hinter den Normalwerten zurück. In diesem Zusammenhang ist auch die Bedeutung des Reifungsfraßes phytophager Insekten und die Notwendigkeit der Aufnahme einer Blutmahlzeit bei weiblichen Stechmücken zu erwähnen, die offenbar erst bestimmte, für die Bildung der Eier notwendige Stoffe bereitstellen.

Bei in großen Brutgemeinschaften zusammenlebenden Hymenopteren wird umgekehrt die Ausbildung der Arbeiterinnen-Ovariolen durch Verteilung eines von den weiblichen Geschlechtstieren („Königinnen" der Ameisen und Bienen) gebildeten Sozialsekretes gehemmt. Erst bei Ausfall dieses Sekretes, das auch als Pheromon bezeichnet wird, beginnen die Ovariolen der bisher geschlechtsuntüchtigen Weibchen noch Eier zu produzieren, die, da sie unbefruchtet sind, nur Männchen liefern (Drohnenbrütigkeit weiselloser Bienenvölker). Ob sich aus einem befruchteten Ameisen- oder Bienenei eine Königin oder eine Arbeiterin entwickelt, entscheidet die den Larven von den Ammen verabreichte Nahrung (trophogene Kastenbestimmung). Bis zum dritten Larventag werden bei der Honigbiene alle Larven mit einem sehr eiweißreichen Futter versorgt, das in ihren Pharyngeal- oder Futtersaftdrüsen gebildet wird. Nach diesem Zeitpunkt erhalten nur noch die zukünftigen Geschlechtstiere dieses Futter, während die Mehrzahl der Larven auf Honig- und Pollennahrung umgestellt wird und später Weibchen mit unterentwickelten Ovariolen ergibt.

Beispiele für Ditrophie der beiden Geschlechter liefern bestimmte parasitisch lebende Hymenopteren (z. B. Aphelinidae), deren Weibchen befruchtete, also weiblich determinierte Eier in Homopterenlarven, unbefruchtete und Männchen ergebende Eier dagegen in Lepidopterenlarven oder als Sekundärparasiten in bereits von einem anderen Hautflüglerparasiten besetzte Larven ablegen. Diese Aphelinidenweibchen müssen über zwei, auf unterschiedliche Wirtsgruppen eingestellte Suchschemata verfügen, deren jeweilige Präferenz mit der Tätigkeit ihres Receptaculum seminis synchronisiert sein dürfte.

Das Nahrungsangebot bestimmt in gewissem Umfange auch bei Warmblütern die Zahl der Nachkommen pro Generation. Manche Vogelarten brüten in nahrungsreichen Jahren ein zweites Mal oder haben mehr Eier im Gelege. Die Schleiereule (*Tyto alba* Scop.) brütet in „Mäusejahren" zweimal, der Mäusebussard (*Buteo buteo* L.) erweitert unter denselben Umständen sein meist zwei Eier enthaltendes Gelege um ein drittes und die Sumpfohreule (*Asio flammeus* Pont.), deren Gelege in Schottland normalerweise 5 bis 7 Eier enthält, bringt es sogar auf 10 und mehr Eier. Begrenzend wirkt in diesen Fällen andererseits die Leistungsfähigkeit der Elterntiere in bezug auf das Heranschaffen der Nahrungstiere, so daß in größeren Bruten oft auch die Jungenmortalität ansteigt. Besonders deutlich wird diese Tatsache von der Kohlmeise (*Parus major* L.) demonstriert, die mehrere Bruten im Jahr mit abnehmender Jungenzahl aufzieht. Von der Feldmaus (*Microtus arvalis* L.) ist bekannt, daß sie in trockeneren Randbiotopen mit dürftigem Pflanzenbestand im Mittel 4,7 Embryonen, in Futterpflanzen- und Getreidefeldern durchschnittlich 6,7 Junge wirft.

Von wesentlichem Einfluß auf die Entwicklung der Landtiere ist natürlich auch die Qualität der zur Verfügung stehenden Nahrung. Sowohl die Anzahl der eierlegenden Weibchen als auch ihre Legeleistung werden bei phytophagen Insekten vom physiologischen Zustand der Blattnahrung bestimmt. Bei Landsäugetieren bestehen enge Korrelationen zwischen dem Eiweißgehalt der Muttermilch und der Gewichtszunahme ihrer Saugjungen.

Engste Bindungen, die sich in der Synchronisierung der Entwicklungsphasen von Wirt und Parasit äußern, finden sich wiederum bei den Hymenoptera parasitica. Die innerhalb des Wirtsgewebes geschlüpfte Larve der Schlupfwespe *Diplazon fissorius* beispielsweise tritt sofort in eine Diapause ein, die erst nach der Bildung des Syrphidenpupariums, vielleicht im Anschluß an die Ausschüttung des Verpuppungshormons, gebrochen wird und die Weiterentwicklung des Parasiten auslöst. Wenn die als Wirt dienende Syrphidenart ihrerseits in eine Diapause eintritt, wird die

Entwicklung der Parasitenlarve dadurch automatisch mitbetroffen. Auf diese Weise wird in jeder Generation eine absolute Koinzidenz des Wirts- mit dem Parasitenzyklus erreicht und der des Parasiten zugleich durch die uni- oder multivoltine Generationsfolge der Wirtstierart geprägt.

Obwohl ein artspezifisch optimales Nahrungsangebot als Lieferant der Energien für alle Funktionen und Verrichtungen des Tierkörpers von fundamentalster Bedeutung ist, bleibt auch der Faktor Nahrung auf das Zusammenspiel mit anderen Faktoren angewiesen, um voll wirksam werden zu können.

2.4. Verhalten gegenüber Artgenossen

Das Tierindividuum steht entweder dauernd in mehr oder weniger engem Kontakt mit Artgenossen und Angehörigen fremder Arten (mono- und polyspezifische Tiergemeinschaften) oder es sucht diesen Kontakt lediglich zeitweise aus einem bestimmten Bedürfnis heraus. Während die Kontakte und Begegnungen mit Artgenossen (homotypische Relationen) in der Regel förderlicher Art sind, pflegen solche mit artfremden Individuen (heterotypische Relationen) oft Konfliktcharakter zu haben. Von beiden Regeln gibt es Ausnahmen, wie die oft erbitterten Konkurrenzkämpfe unter Artgenossen und andererseits das friedliche Zusammenleben unterschiedlicher Arten in gemischten Herden beweisen. Das Tierindividuum ist aber in jeder Teilphase seines Lebens in irgendeiner Weise von außen her bedroht, muß sein Verhalten im Bedarfsfalle blitzschnell auf Abwehr oder Vernichtung von Widersachern einstellen und damit seinen individuellen „Kampf ums Dasein" bestehen. Es ist ihm ein bestimmtes Maß an Möglichkeiten zur Selbstbehauptung eigen, von dem es unter bestimmten Umständen auch Gebrauch zu machen versteht.

2.4.1. Formen der Selbstbehauptung des Individuums

Tiere können einer Gefahrensituation durch passives oder aktives Verhalten begegnen. Sie können sich beispielsweise auf bestimmte Strukturen der Außenfläche ihres Körpers, wie ein hartes Chitinskelett bei Insekten, die auflösende Wirkung ihrer Körperzeichnung (einschließlich sogenannter Tarntrachten) oder bestimmte, abschreckend wirkende Ausscheidungen ihres Körpers (Wehrdrüsensekrete) verlassen. Andererseits kann ein Tier aktiv eine Abwehr- oder Schreckstellung einnehmen, sich maskieren oder in Deckung begeben; schließlich bleibt ihm im Falle seiner physischen Überlegenheit noch der Gegenangriff oder das Gegenteil davon, die Flucht, wenn in nächster Nähe Schlupfwinkel (z. B. Erdbaue) vorhanden sind oder der Verfolger durch eine größere Geschwindigkeitsleistung abgeschüttelt werden kann. Für jede dieser Verhaltensweisen gibt es zahllose, genügend bekannte Beispiele von Wirbellosen und Wirbeltieren.

Durchaus umstritten ist die Wirkung der *Warn- oder Schrecktrachten*. Sie bestehen zumeist in auffallenden Kontrasten der Körperfarben oder im plötzlichen Freistellen auffallend gefärbter Körperteile, das als *semantisches Verhalten* bezeichnet wird. Von manchen Insekten, deren Körpergestalt oder -farben dem Aussehen wehrhafter Formen, etwa auffallend schwarz-gelb-gebänderten Faltenwespen ähneln, ist angenommen worden, daß sie durch diese Warntracht (*Mimikry*) vor bestimmten Angreifern geschützt seien. Äußere Ähnlichkeiten mit giftigen oder besonderen Wehrorganen ausgestatteten Arten müssen jedoch nicht unbedingt vor Feinden schützen; oft werden gerade angeblich schlecht schmeckende, stark behaarte sowie durch Warnfarben und -zeichnungen deutlich gekennzeichnete Insektenarten von Vögeln unterschiedslos gefressen oder an die Jungen verfüttert. Auch die Ausscheidung bestimmter, den Körper überziehender Sekrete (z. B. Wachs) sowie der Bau von Gehäusen und die Anfertigung von Gespinsten stellen keinen unbedingten Schutz dar.

Wirkungsvoller ist in vielen Fällen das verbergende oder *kryptische Verhalten* vieler Landtiere, die in der momentan eingenommenen Körperstellung bewegungslos verharren, einen Pflanzenteil nachahmen (*Mimese*), sich tot stellen (*Thanatose*) oder auch in die deckende Krautschicht am Boden fallen lassen. Zweifelsfrei gibt es Fälle, die für eine Schutz- und Selektionswirkung bestimmter Körpermerkmale sprechen. So gelang für die etwa Mitte des vergangenen Jahrhunderts in England erstmalig aufgetretene melanistische Form des Birkenspanners (*Biston betularius* L.) der exakte Nachweis, daß die ursprüngliche, hellgefärbte Rasse tatsächlich häufiger von Vögeln gefressen wird als die kontrastärmere dunkle, deren Umrisse auf dunkler Baumrinde offenbar auch für Vögel schwerer zu erkennen sind.

Die durch spezifische körperliche Eigenschaften und Leistungen gewährleistete Selbstbehauptung des Individuums steht im direkten Zusammenhang mit der allgemeinen Fruchtbarkeit der betreffenden Art. Je besser die einzelnen Individuen geschützt sind, d. h. je widerstandsfähiger die Population einer Art im ganzen gegen Ausfälle ist, desto niedriger liegt im allgemeinen ihre Fruchtbarkeitsrate. Diese repräsentiert gewissermaßen den Grad der Sicherheit für den Fortbestand der Art. Stark gefährdete haben hohe, feindarme und um ihre Brut besorgte Arten relativ geringere Nachkommenzahlen. Der Blaufelchen (*Coregonus wartmanni* L.), der seinen Eiern keine Fürsorge angedeihen läßt, produziert pro 500 g Körpergewicht etwa 15000 Eier, die Bachforelle (*Salmo trutta* L.), die ihre Eier in Vertiefungen des Bachbodens bettet, auf das gleiche Gewicht bezogen etwa 1000 Eier. Endoparasiten mit kompliziertem Entwicklungszyklus, der über einen oder mehrere Zwischenwirte führt, zeichnen sich durch eine geradezu verschwenderische Überproduktion an Eiern aus. Ein Weibchen des Spulwurms *Ascaris lumbricoides* L. bringt in 5 bis 6 Monaten 50 bis 60 Millionen, der Schweinebandwurm im Verlaufe seines individuellen Lebens (10 bis 15 Jahre) 200 bis 300 Millionen Eier hervor. Diese Zahlen werden nur von wenigen freilebenden Landtierarten erreicht, so z. B. vom Weibchen der Termitenart *Termes bellicosus*, das täglich bis 30000, im Jahr etwa 10 Millionen und während seines zehnjährigen Lebens demnach etwa 100 Millionen Eier produziert. Die Jahresleistung einer Bienenkönigin liegt zwischen 150000 und 200000 Eiern.

2.4.2. Gesellungen von Artgenossen

Die Mehrzahl der Tiere läßt kein Gesellungsstreben oder Sozialverhalten erkennen; Tiere sind meist Einzelgänger, die nur zu bestimmten Zeiten die Gegenwart von Artgenossen suchen.

Echte Artgenossenverbände finden sich nur bei Arthropoden und Vertebraten.

Jedes Individuum beansprucht einen Nahrungs- und Bewegungsraum artspezifischer Größe. Die Ausdehnung dieses Individualterritoriums bestimmt die Mindestdistanz von benachbarten Artgenossen. Ausgesprochene Distanztiere sind z. B. der Hecht (*Esox lucius* L.), die Spechte und der Hamster (*Cricetus cricetus* L.), während die Elritze (*Phoxinus phoxinus* L.), die Krähen und das Murmeltier (*Marmota marmota* L.) gesellig leben.

Scharungen und Schwarmbildungen sind zunächst nur als anonyme Verbände von Individuen derselben Art zu werten, die unter dem Zwang bestimmter Umweltbedingungen zustandekommen und zwischen den Individuen keine festen Bindungen entstehen lassen (Abb. 6). Meist handelt es sich um temporäre Gesellungen in der Form von Schlaf- oder Überwinterungsverbänden (Stare im Schilfbestand, Fledermäuse in gemeinsamen Winterquartieren), Zugverbände (Vogelzug, Lemmingwanderungen, Heuschreckenschwärme, Falterzüge), Freß- und Häutungsgesellschaften (sogenannte „Raupenspiegel“) u. a.

Der temporär in Erscheinung tretende Sozialkontakt entspricht dabei meist nicht einem körperlichen Kontakt, die Individuen halten durchaus auf Distanz. Selbst die Nester in großen Kolonien brütender Seevogelarten haben einen artspezifischen Abstand voneinander. Andererseits kann sich bei Eintritt pessimaler Umweltverhältnisse ein Kontaktbedürfnis einstellen, wie das Aneinanderrücken frierender Küken oder die Formierung eines dreidimensionalen Starenstoßpulkes aus einem lockeren zweidimensionalen Schwarm bei Annäherung eines Greifvogels beweisen.

Echtes Sozialverhalten zeigt sich bereits bei Jungtieren, ist vom Geschlechtstrieb zunächst unabhängig und durch wechselseitige Leistungen gekennzeichnet, die zu echten Bindungen zwischen den Individuen führen. Zu diesen zählen die Warnung vor Gefahren, das übereinstimmende Abwehrverhalten bei Angriffen durch

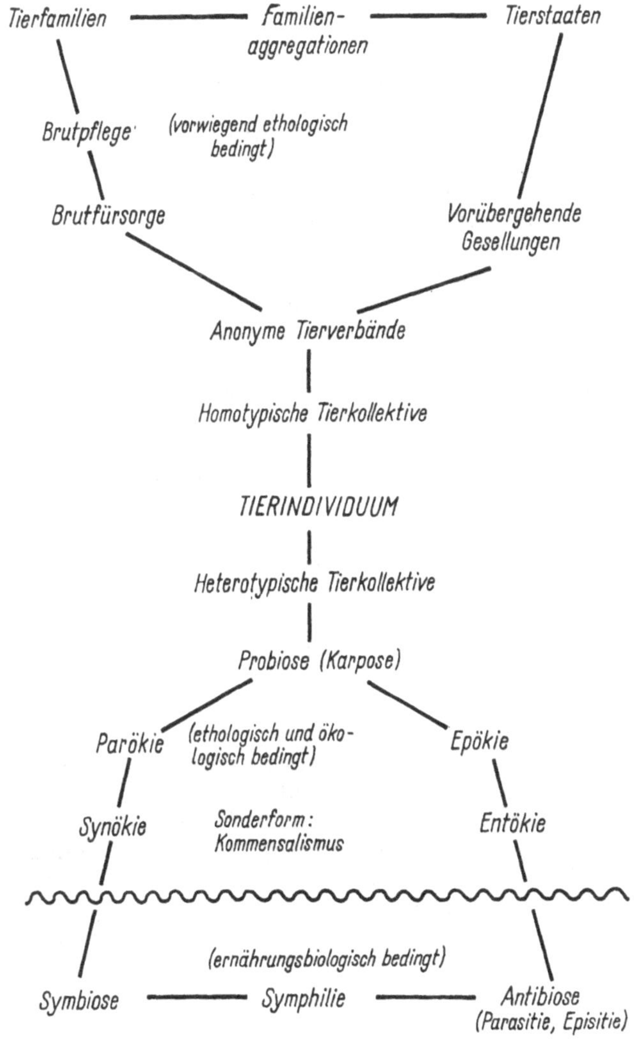

Abb. 6. Schema der intra- und interspezifischen Beziehungen von Tieren (Original)

Feinde, die Verrichtung und Organisation gemeinsamer Arbeiten, die gegenseitige Fell- und Gefiederpflege sowie schließlich auch der Austausch von stimmungsgebundenen „Zärtlichkeiten" bei Warmblütern, die dann im Gegensatz zu Distanz- als Kontakttiere bezeichnet werden.

Das Nachahmen bestimmter Verhaltensweisen führt als Teil des angeborenen Appetenzverhaltens zu sozialen Bindungen und hat in manchen Fällen stimulierende und synchronisierende Wirkungen: Auslösung des Brutgeschäftes in Vogelkolonien durch den Beginn der Balz eines Paares. Viele Tiere wachsen in Gemeinschaften besser heran als isoliert gehaltene. Solche Artgenossen- oder Gruppeneffekte sind von Wirbellosen (z. B. Schabenlarven, Schmetterlingsraupen) ebenso bekannt wie von Wirbeltieren (z. B. Kaulquappen, Hunde), bei denen darin auch ein gewisser Individualegoismus zum Ausdruck kommen kann. Besondere Bedeutung erlangt die soziale Stimulation bei den sozialen Insekten, deren Leben vom Kontakt mit den Nestgenossinnen über die Weitergabe der bereits erwähnte Pheromone unmittelbar bestimmt ist.

Bei nicht-sozialen Tierarten kann es andererseits nach anormaler Zunahme der Bevölkerungsdichte zu einer ausgesprochenen Krisensituation kommen, die als „crowdingeffect" oder Gedrängefaktor bezeichnet wird und Ausdruck der sich fortlaufend steigernden gegenseitigen Störungen ist (siehe Kapitel 3.3.3.).

Über temporäre Gesellungen und Vorstufen des Sozialverhaltens hinaus stehen die gegenseitigen Beziehungen der Artgenossen vor allem im Dienste der Fortpflanzung und der Arterhaltung. Erste Voraussetzung für das Zustandekommen des Sexualkontaktes zwischen beiden Geschlechtern ist ihr zeitlich übereinstimmendes Auftreten. Eine solche Synchronie ist bei mehrere Jahre lebenden Tierarten bereits durch die Überlappung der verschiedenen Generationen gegeben. Bei Arten mit einer Generationsdauer von nur einem Jahr und weniger kommt der Sicherung des Zusammentreffens der männlichen mit weiblichen Artgenossen größte Bedeutung zu. Diese Koinzidenz ist meist dadurch gewährleistet, daß bei den Insekten und auch bei manchen Wirbeltieren die Männchen vor den Weibchen erscheinen. So treffen die männlichen Lachse, Kröten, Frösche und Pelzrobben stets vor den Weibchen an den Brut- und Brunftplätzen ein. Die Kopulationsbereitschaft wird dann durch arteigene Verhaltensweisen in der Form von Balz- und Werbeflügen, Männchenkämpfen, regelrechten Schaustellungen oder durch Überreichen von „Brautgeschenken" herbeigeführt.

Bei Wirbellosen und auch bei vielen Wirbeltieren, die Einzelgänger sind, enden mit vollzogener Kopulation die gegenseitigen Beziehungen der Geschlechter. Bleiben die beiden Partner jedoch längere Zeit beieinander, wie das für manche Arthropoden, Fische, Reptilien, insbesondere aber Vögel und weniger häufig für Säugetiere gilt, dann liegt eine Ehebildung vor, die eine reine Brutehe, eine Zeitehe oder, in den seltensten Fällen, auch eine Dauerehe sein kann.

Die angeführten Verhaltensweisen während abgegrenzter Phasen des Individual-Zyklus treten nur bei bisexuellen und ortsbeweglichen Tierarten in Erscheinung, fehlen jedoch bei parthenogenetischer Fortpflanzung und Zwittertum sowie bei sessilen Wassertieren, die ihre Geschlechtsprodukte einfach in das umgebende Medium entleeren.

Viele Elterntiere verenden vor dem Schlupf der Jungen aus den Eiern oder kümmern sich später nicht um ihre Gelege, so daß die Jungtiere von Anfang an auf sich selbst gestellt sind. Die Weibchen vieler Land- und Wassertierarten bringen ihre Eier allerdings an bestimmten, oft versteckten Orten unter oder tarnen sie gegebenenfalls auch. Diese einfachste Form der Eifürsorge setzt noch nicht das Bestehen einer echten Familie voraus. Zu den Fürsorgehandlungen zählen auch das Herbeibringen von Nahrung, die Ablage der Eier direkt an ein speziell zubereitetes Nährsubstrat oder die Sicherung einer Infektion der Eier durch lebensnotwendige Symbionten. Weitere Beispiele für eine solche vorausschauende oder providente Brutfürsorge sind das Einschneiden und Aufrollen von Blättern, das Eintragen von Pollen und Nektar sowie von gelähmten oder getöteten Beutetieren als Erstnahrung für die geschlüpften Jungen.

Aus der Ei- und Brutfürsorge hat sich, meist mit der Anlage von Eilagern oder Nestern verbunden, die Brutpflege entwickelt, die sich von der ersteren darin unterscheidet, daß das Elternpaar oder nur der eine Elternteil die Pflege der ausgekommenen Jungtiere bis zu deren Selbständigkeit fortsetzt. Die Brutpflegehandlungen lassen eine ebenso große Mannigfaltigkeit erkennen wie die Brutfürsorgeverhaltensweisen. Die Skala reicht von der Bewachung der Gelege über die Aufnahme der Eier in besondere, als Brutbeutel oder Bruttaschen bezeichnete Körperbildungen (z. B. das Marsupium der Landasseln) und die Erzeugung optimaler Brutwärme bis zur regelmäßigen Fütterung, Führung und Anleitung der Jungen einschließlich der Verteidigung gegen Feinde. Dabei hängt die Bindung an die Jungen und die Intensität ihrer Betreuung von der Erfüllung bestimmter Voraussetzungen ab: aus dem Nest geratene Singvogeljunge werden beispielsweise von den Eltern oft nicht mehr beachtet, obwohl sie die gleichen Bettellaute wie ihre Nestgenossen hervorbringen.

Warmblüter-Tierfamilien sind entweder Elternfamilien, wenn sich beide Eltern mit etwa gleichen Anteilen der Brutpflege widmen, oder Mutter- bzw. Vaterfamilien, wenn sich nur noch der eine Teil um die Nachkommenschaft kümmert und der andere, bei Vögeln meist bunter befiederte Partner andere Aufgaben übernimmt (z. B. die Sicherung des Nestes). Vaterfamilien kommen bei Fischen (z. B. Stichlingen) und Vögeln (z. B. Mornell-Regenpfeifer) vor und zeigen, wie die Mutterfamilien auch, in manchen Fällen einen Trend zur Auflösung der ehelichen Bindungen. Bei manchen Arthropoden muß die Mutterfamilie als primäres Entwicklungsstadium ohne Vorstufen gelten: Skorpione, Spinnen und einige Insekten.

Im allgemeinen sind Tierfamilien exklusive Sozialverbände, deren Andauer auf die Zeit zwischen der Verpaarung und dem

Erreichen der Selbständigkeit bei den Jungen beschränkt ist. Bleiben die Jungen und auch die folgenden Generationen mit den jeweiligen Eltern zusammen, so entstehen sehr viel größere, mehrere bis viele Familien einschließende Sozialverbände, die als Großfamilien oder Familienaggregationen mit Dauercharakter bezeichnet werden, aber verhältnismäßig selten sind. Von der Wanderratte (*Rattus norvegicus* Berkenh.) sind solche, mehrere Generationen umschließende Superfamilien bekannt, die ihr Revier gemeinsam verteidigen, die eingebrachte Nahrung zusammen verzehren, die Aufzucht der Jungen gemeinschaftlich vollziehen und sich am gleichen „Nestgeruch“ erkennen. Ähnliches gilt von den Brutkolonien vieler Vogelarten, deren Glieder durch Einschränkung ihrer Nestterritorien ein Zusammenleben auf engstem Raum ermöglichen, dabei eine Anzahl zusätzlicher sozialer Verhaltensweisen entwickeln (z. B. gemeinsame Verteidigung der Kolonie), andere aber verlieren, so daß elternlos gewordene Seeschwalben und Kormorane inmitten ihrer Brutkolonien verhungern müssen.

Die Staaten sozialer Insekten, zu denen die Termiten (Blattoidea), Wespen, Hummeln, Bienen und Ameisen (Hymenopteroidea) zählen, sind Aggregationen besonderer Art. Ihre kompliziert erscheinenden Bauten entstehen durch genau aufeinander abgestimmte soziale Verhaltensweisen, die sich während einer langen Evolutionszeit eingespielt haben. Die Entwicklung begann sehr wahrscheinlich mit einfachen Brutfürsorgehandlungen: Das Muttertier gab jedem Ei einen bis zur Verpuppung ausreichenden Nahrungsvorrat mit, ohne sich dann weiter um die junge Larve zu kümmern. Auf der nächsten Stufe bleibt die Mutter solange beim Nest, bis die ersten Jungimagines ausschlüpfen und mit der Mutter zusammen einen ersten, durch gemeinsame Arbeit verbundenen Familienkleinstaat begründen. Heute lebende Furchenbienen repräsentieren etwa dieses Evolutionsstadium: Mutter und Töchter füttern die in offen bleibenden Zellen befindlichen Larven gemeinsam. Die ersten Töchter bleiben unbegattet; aus ihren später abgelegten Eiern gehen (im Gegensatz zu denen der begatteten Mutter) nur Männchen hervor, die mit jenen überwintern und im folgenden

Jahr neue Staaten gründen. Die Staaten unserer einheimischen Hummeln und Wespen sind in dieser Weise organisiert und existieren nur einen Sommer lang.

Erst die gesicherte Ernährung für alle Nestmitglieder ermöglichte die Bildung von Dauer-Familienstaaten, wie sie von den heute lebenden Termiten, Ameisen, stachellosen Meliponinen, den Honigbienen und einigen tropischen Wespen bekannt sind. Das Nahrungsproblem wird dabei in verschiedener Weise gelöst: Wechsel des Brutgebietes (Nomaden: Treiberameisen *Dorylus*, *Anomma*), Anlage unterirdischer Pilzgärten (Anzuchtmedien sind Blatt- oder Holzstückchen), Tierhalterei (Blattlausställe) und Anlage von ober- oder unterirdischen Nahrungsvorräte (Körner- und Nektardepots).

2.5. *Beziehungen zwischen verschiedenen Arten*

Neutrale Bindungen zweier Individuen verschiedener Arten können so lose sein, daß jeder Partner auch ohne den anderen auskommen kann; beruhen sie jedoch auf beiderseitigem Nutzen, kann die Vergesellschaftung andererseits so eng sein, daß keiner der obligaten Partner noch allein existenzfähig ist.

2.5.1. *Probiotische Beziehungen*

Im Falle der Probiose oder Karpose handelt es sich um einseitig gebundenes Nutznießertum (Abb. 6): Nahrung wird gemeinsam aufgenommen (Kommensalismus), der Partner als Transportmittel (Phoresie) oder als Siedlungsfläche benutzt. Manche Arten nisten sich in der Wohnstätte des Partners auf Dauer ein (Synökie). In vielen Fällen ist der Grad der gegenseitigen Bindungen nicht ohne weiteres zu erkennen, Vorteile beginnen die Nachteile auf der anderen Seite zu überwiegen, so daß kein klares probiotisches oder karpontisches Verhältnis mehr zu erkennen ist (manche Fälle von Epökie und Entökie).

Wenig bewegliche Arten bedienen sich zur Überwindung größerer Entfernungen zu neuen Nahrungsquellen oder Fortpflanzungsbiotopen anderer, meist flugtüchtiger Tiere, an die sie sich anheften und die sie als Transportmittel benutzen. Ein solches Phoresieverhalten ist von den Triungulinenlarven der Ölkäfer (Meloidae), die als Brutparasiten in Wildbienennestern leben, von Haarlingen (Mallophaga), die sich von Stechmücken auf neue Säugetierwirte tragen lassen, von Pseudoskorpionen, von Milbenlarven und auch von bestimmten Nematoden (Rhabditinae) bekannt. Am häufigsten nehmen Milben die verschiedenen Transportwirte in Anspruch, da sie den Weg zu Tieraas oder Dung nicht fliegend zurückzulegen vermögen. An morphologischen Spezialisierungen finden sich bei ihnen vor allem aus einem Analsekret bestehende Haftstiele oder auch Haftnäpfe, mit denen sie sich vorübergehend am Transporttier festheften. Das Phoresieverhalten der Milben ist demnach von der Syn- und Epökie durch die zeitliche Begrenzung der Beziehungen, vom Parasitismus und Kommensalismus durch das Fehlen von direkten Nahrungsbeziehungen (früher hielt man beispielsweise die Mistkäfermilbe *Parasitus coleoptratorum* L. für einen Parasiten) und von der Symbiose durch die Einseitigkeit der Beziehungen geschieden. Wesentliches Kennzeichen des Phoresieverhaltens ist seine Beschränkung auf bestimmte Entwicklungsphasen und den Funktionskreis der Ausbreitung einschließlich der Arterhaltung.

2.5.2. Symbiotische Beziehungen

Die Grenzen zwischen pro- und antibiotischen Beziehungen sind ebenso fließend wie das Verhältnis beider zur Symbiose. Waldameisen stehen zu Honigtau erzeugenden Blattläusen in direktem Kontakt. Offenbar wirkt deren Körperende mit den beiden Siphonen und dem sich bewegenden hinteren Beinpaar auf die Ameise wie eine Futter anbietende und sie mit den Antennen betrillernde

Artgenossin. Es handelt sich dabei um ein dem angeborenen Auslösemechanismus „Futterbetteln" entsprechendes Normalverhalten, das in diesem Falle als Trophobiose bezeichnet wird und von den Ameisen durch entsprechende Gegenleistungen, wie Bewachung und Überdachung der Blattlauskolonien sowie Einrichtungen von Wurzellausställen, honoriert wird. Beide Partner sind jedoch nicht unbedingt aufeinander angewiesen.

Ein echtes Symbioseverhältnis ist durch den Zustand der absoluten gegenseitigen Abhängigkeit gekennzeichnet. Der Symbiontenträger kontrolliert die Vermehrung der Symbionten und beherrscht auch deren oft recht komplizierten Übertragungsmodus auf die folgende Generation. Meist wird dem Ei vom Muttertier ein Vorrat an infektionsfähigen Bakterien- oder Hefesymbionten beigegeben, die noch vor oder während der Ablage des Eies in dessen Plasma eindringen und dem Embryo vom Beginn seiner Entwicklung an zur Verfügung stehen. Wie vollkommen der Symbiontenträgerorganismus die Symbionten beherrscht, geht unter anderem auch daraus hervor, daß sie von männlichen Imagines später gänzlich eliminiert werden. Daraus ist gefolgert worden, daß die Symbiose möglicherweise die höchste Stufe der Parasitie darstellt, die der vollständigen physiologischen Anpassung des ehemaligen Parasiten an und seiner totalen Einordnung in den Zyklus des Trägerorganismus entspricht. Man kann die Symbiose andererseits auch als Endphase einer Entwicklung betrachten, die über alle vorstellbaren Stationen einer zunächst lockeren Duldung oder Allianz über zunehmend strengere Karposebindungen mit beiderseitigem Nutzen führt.

2.5.3. Parasitie und Pathogenie

Den unterschiedlichen Aspekten der Probiose entsprechend, stellt die Antibiose ebenfalls ein komplexes System zwischenartlicher Beziehungen dar, zu dem vor allem das Schmarotzertum oder die Parasitie zählt (Abb. 6).

Relativ leicht erscheint es, sich über eine Besiedlung der Körperoberfläche (Epökie) oder einer nach außen offenen Körperhöhle (Entökie) eines Tieres durch Karponten die Entstehung eines ektoparasitischen Verhältnisses zwischen beiden vorzustellen, weil sich am Milieu des zeitweise oder dauernd seßhaft gewordenen Karponten dabei nichts ändert. Einen Grenzfall zwischen Ekto- und Endoparasitismus bietet die gamasiforme Milbe *Myrmonyssus phalaenoides*, die im Tympanalorgan von Eulenfaltern (Noctuidae) schmarotzt, während die in den Haupttracheen der Honigbiene (*Apis mellifera* L.) lebende Milbe *Acarapis woodi* Rennie doch wohl schon den Endoparasiten zugeordnet werden muß.

Komplizierter ist demgegenüber der Übergang von der freien zur endoparasitischen Lebensweise, denn der Darm eines Warmblüters beispielsweise stellt eine völlig andere Umwelt mit sehr spezifischen Bedingungen, wie Sauerstoffmangel, Vorhandensein verdauender Fermente, besondere osmotische Verhältnisse und konstanter Binnentemperaturen von mindestens 37 °C, dar. Dieser Weg von außen nach innen kann sich nicht in einem einzigen Evolutionsschritt vollziehen. Auskunft über die Etappen dieses Weges ist nicht von den heute ausschließlich parasitisch lebenden Gruppen der Cestoden, Trematoden und Acanthocephalen zu erwarten, deren ehemals freilebende Vorfahren unbekannt sind, sondern von Tiergruppen, wie den Nematoden, Copepoden und Dipteren, die heute neben freilebenden Vertretern auch Familien mit deutlichem Trend zum Parasitismus aufweisen. Bei den Nematoden führt der Weg von frei im Boden und von Bakterien lebenden Arten über die Saprophagie mit der Ausbildung von Dauerlarven im dritten Stadium, die sich von Kot oder Aas besuchenden fliegenden Insekten (*Necrophorus*- und *Aphodius*-Arten sowie Dipteren) zu anderen Nährsubstratansammlungen transportieren lassen (Phoresieverhalten). Von der Saprophagie führt der Weg zum Endoparasitismus, dessen infektiöse Initialstadien bei Nematoden stets Drittlarven sind, also den Dauerlarven ihrer saprophagen Verwandten entsprechen. Die jüngeren Larvenstadien leben frei.

Je enger und je länger eine Wirtstierart an das Wasser gebunden ist, desto höher ist die Zahl ihrer Endoparasiten mit indirekter, d. h. Zwischenwirte einschließender Entwicklung. Landtiere beherbergen überwiegend Endoparasiten mit direkter Entwicklung, die nicht auf Zwischenwirte angewiesen sind („Geohelminthen“). Manche Parasiten können, bei Fehlen des Hauptwirtes, in dem sie normalerweise geschlechtsreif werden, auf Ersatz- oder Nebenwirte ausweichen. Diese bieten ihnen meist unteroptimale Bedingungen, so daß sich ihr Wachstum und der Eintritt der Geschlechtsreife stark verzögern. So wird *Diphyllobothrium latum* (L.) im Darm des Menschen 6 bis 9, im Katzendarm 1,5 m lang und produziert hier nur etwa 10% entwicklungsfähige Eier. Noch ungünstiger, d. h. vitalitäts- und fertilitätsmindernd wirken die endozönotischen Verhältnisse in Zufalls- und Gelegenheitswirten. Für die Larven der Raupenfliege *Ernestis rudis* L. ist die Raupe der Forleule (*Panolis flammea* Schiff.) Hauptwirt, im Gewebe von Kiefernschwärmerraupen (*Hyloicus pinastri* L.) kommen sie nicht zur Entwicklung.

Entomoparasiten sind meist auf ein bestimmtes Entwicklungsstadium ihrer Wirte angewiesen. Demzufolge gibt es unter den Schlupfwespen Ei-, Larven-, Puppen- und Imaginalparasiten.

Die Entwicklung des Parasiten ist auf das normale Stoffwechselgeschehen des Wirtsorganismus eingestellt, ändert sich beispielsweise dessen Ernährung grundlegend, so kann dies zum Absterben des Parasiten führen. Die Larve einer Braconide (*Apanteles congregatus* Say) stirbt ab, wenn der als Wirt dienenden *Protoparce*-Raupe Tabakblätter mit hohem Nikotingehalt zum Fraß angeboten werden. Der Eiparasit *Trichogramma cacoeciae* entwickelt sich in vitro wohl in Bettwanzeneiern (*Cimex lectularius* L.), deren Weibchen Meerschweinchenblut, nicht jedoch in solchen von Weibchen, die menschliches Blut aufgenommen haben. Auch hormonale Einflüsse des Wirtes auf den Fortpflanzungszyklus des Parasiten sind bekannt. So erreicht der Trematode *Polystomum integerrimum* Frölich die Geschlechtsreife erst nach 3 bis 4 Jahren gleichzeitig mit der seines Wirtes *Rana temporaria* L., so daß der Schlupf der Kaulquappen mit dem Erscheinen der Trematodenlarven (Miracidien) koinzidiert und jene sofort befallen werden. Durch Hypophysenextrakt-Injektionen beim Frosch läßt sich diese Phase für beide Partner synchron vorverlegen. Bei Warmblüter-Endoparasiten (z. B. *Hymenolepis nana* in Ratten) gelang der Nachweis, daß sie die Bildung von Geschlechtszellen unmittelbar nach der Kastration des Wirtstieres einstellen, um sie nach Testosteron-Injektion sofort wieder aufzunehmen. Eier und Spermien des Kaninchenflohes (*Spilopsyllus cuniculi* Dale) reifen nur, wenn das Wirtstier ein trächtiges Weibchen mit steigendem Kortikosteroidspiegel des Blutes ist. Nach der Geburt der jungen Kaninchen tritt eine Verhaltensumstimmung bei den Kaninchenflöhen ein, die nunmehr sofort auf die Neugeborenen überwechseln, dort gierig Blut zu saugen beginnen und nach wenigen Stunden kopulieren. Männchen der parasitisch lebenden Strepsipterengattung *Elenchus* entwickeln sich um so schneller, je älter das Zikadenwirtsindividuum (Gattung *Calligypona*) ist. Wie bereits in anderem Zusammenhang erwähnt, vermögen auch Wirtsdiapausen den Zyklus der Parasiten entscheidend zu beeinflussen.

Parasiten töten ihre Wirte, vor allem wenn es sich um Fälle von Dauerparasitismus handelt, normalerweise nicht. Die auf Larvenstadien beschränkte Parasitie unterscheidet sich davon allerdings insofern, als die Larvenwirte nach Abschluß der Parasitenentwicklung doch noch absterben. Diese Form der Koinzidenz wird dadurch erreicht, daß der Parasit zuerst weniger lebenswichtige Gewebe und kurz vor seiner Verpuppung auch die absolut lebensnotwendigen Organe des Wirtes zerstört.

Die Wirte sind den Einwirkungen der Parasiten nicht uneingeschränkt ausgeliefert. Manche Arten verfügen über eine natürliche Resistenz, die auch als angeborene Immunität bezeichnet wird und die exogen (z. B. eine dicke Cuticula) oder endogen bzw. humoral bedingt sein kann. Die individuelle Resistenz nimmt mit dem Alter des Wirtstieres allgemein zu, während junge Tiere wesentlich parasitenanfälliger sind. In manchen Fällen wird mit der Aufnahme eines Parasitenindividuums die Ansiedlung weiterer Tiere derselben Art unmöglich gemacht, eine Erscheinung, die als parasitäre Immunität bezeichnet wird.

Zum Entzug von Körper- oder (und) Nahrungssubstanz durch die Parasiten treten häufig noch mechanische Behinderungen, wie ein sehr dichter Ektoparsitenbesatz durch Fischegel (*Piscicola geometra*) an Teichfischen oder die Verstopfung von Hohlorganen durch Endoparasiten (Darmverschluß durch Ascariden, Blokkierung der Lungenarterien durch Fadenwürmer). Als weitere Beeinflussung sind die mehr oder weniger starken

Intoxikationseffekte durch Stoffwechselprodukte der Parasiten zu erwähnen, die mindestens die allgemeine Vitalität des Wirtstieres herabsetzen. Von Parasiten befallene Insektenlarven bleiben im Wachstum zurück, verpuppen sich später und liefern häufig verkrüppelte Imagines. Durch Beeinträchtigung der Gonaden kommt es gelegentlich zur Erscheinung der parasitären Kastration, welche die betroffenen Tiere von der Fortpflanzung ausschließt. Ein parasitisch lebender Fadenwurm (*Mermis* spec.) ruft bei männlichen Heuschrecken der Gattung *Stenobothrus* Ausfall der männlichen und Verstärkung der weiblichen Geschlechtsmerkmale hervor.

Einzellige Parasitorganismen stellen wegen ihrer spezifischen Lebensweise, die insbesondere in ihrer raschen Vermehrungsfähigkeit und der damit verbundenen Überschwemmung des Wirtstieres zum Ausdruck kommt, noch sehr viel weitergehende Anforderungen an die Abwehrkräfte der befallenen Individuen. Die Mehrzahl der Mikroorganismen wirkt allerdings nicht pathogen, verhält sich völlig neutral oder stiftet als Symbiont sogar Nutzen. Pathogene Formen rufen oft Seuchen oder Epidemien hervor, die ihren Erregern entsprechend als Virosen, Bakteriosen, Protozoonosen und Mykosen bezeichnet werden. Ihnen kommt vor allem bei Massenvermehrungen bestimmter Schädlinge in Monokulturen eine besondere Bedeutung zu (siehe Kapitel 3.3.3.). Außer der notwendigen Infektionssituation durch Kontakt oder Vektorenübertragung muß auf der Seite des Wirtes eine gewisse Infektionsbereitschaft gegeben sein, wenn es zur Erkrankung durch virulente Erreger kommen soll. Wie beim Befall durch Parasiten gibt es auch im Bereich der Pathogenie individuelle Unterschiede in der Reaktion, die durch abiotische und vor allem trophogene Umweltfaktoren im positiven, aber in anderen Fällen auch im negativen Sinne beeinflußt werden kann, sowie vom Entwicklungsstadium abhängige natürliche Immunitätserscheinungen.

2.5.4. Episitismus (Episitie)

Klarer grenzt sich die zweite Form der Antibiose, das Räubertum oder die Episitie von probiotischen und symbiotischen Verhaltensweisen ab (Abb. 6). Hier wird das Beutetier oder der Verfolgte („chassé") vom Verfolger („chasseur") eindeutig überwältigt und getötet. Räuberisch lebende Tierarten oder Prädatoren vernichten im Verlaufe ihres individuellen Lebens meist eine stattliche Anzahl von Beutetieren. Bevorzugte Beuteobjekte sind alle wirbellosen Landtierarten und kleine Warmblüter, während massige Arten, auch wenn sie wie die Elefanten und Nashörner Pflanzenfresser sind, als erwachsene Tiere wohl jedem Angreifer widerstehen.

Die Größe der Beutetiere entspricht in der Regel den Ausmaßen des Räubers insofern, als sie diese selten überschreitet. So schlagen Sperber (*Accipiter nisus* L.) auch Ringeltauben (*Columba palumbus* L.), die zwei- bis dreimal schwerer als sie selbst sind, und die Wasserspitzmaus (*Neomys fodiens* Pennant) soll im Winter Fischen bis zum sechzigfachen Gewicht nachstellen. Nicht alle potentiellen Beuteobjekte sind wirklich als solche geeignet. Im Größenbereich der Arthropoden können sperrige Körperanhänge, wie Flügel und Sprungbeine, ferner starke Körperbehaarung, für den Räuber hinderlich sein. Bevorzugt werden weichhäutige Beutetiere von „einfacher" Gestalt, die wie niedere Wirbellose relativ häufig sind. Von Bedeutung ist weiterhin die Öffnungsweite der Fangwerkzeuge (z. B. der Mandibeln bei Carabiden) und die Festigkeit des Stechrüssels bei Heteropteren. Epigäisch lebende Collembolen, die in großen Zahlen auftreten, können wesentlich zur Steigerung der Populationsdichte von Raubarthropoden in diesem Stratum beitragen. Bei den Spinnen steht das Beutetier ebenfalls in einem bestimmten Verhältnis zur eigenen Körpergröße. Lediglich die Netzbauer unter ihnen vermögen auch überdimensionierte Beutetiere einzuspinnen. Höchstens 40% aller in der Bodenstreu und in den Baumkronen lebenden Spinnen sind groß genug, um beispielsweise Schmetterlingsraupen oder Tiere entsprechender Größe zu überwältigen, etwa 60% aller Spinnenarten beider Straten haben ein mittleres Körpergewicht von nur 2,5 mg und sind auf Beutetiere von Collembolengröße angewiesen.

Collembolenprädatoren sind auch die Bodenmilben, etwa die Art *Pergamasus crassipes*, deren Anzahl in direkter Abhängigkeit von der Dichte bestimmter Collembolenarten (*Isotoma viridis* und *I. notabilis*) steht.

Wie denn überhaupt Beutetieransammlungen Räuber aller Arten anlocken: Starke Vermehrung in den Blattlauskolonien hat Zunahme der Coccinellidenlarven, Anstieg der Feldmauspopulation, Erhöhung der Zahl der Bruten bei Greifvögeln und Eulen zur Folge. Andererseits ist bekannt, daß bei Singvögeln beispielsweise ein Überangebot an Insekten bestimmter Arten zu Überdruß und zur Bevorzugung anderer Beutetiere führt.

Mit dem Rückgang der Dichte eines Beutetieres nimmt auch die Zahl der auf dieses eingespielten Prädatoren ab, weil die Suche nach ihm immer mühsamer und schließlich erfolglos wird. Der Räuber muß seine Aufmerksamkeit einer anderen, leichter aufspürbaren Beutetierart zuwenden. Je enger ein Räuber aber an eine Beuteart gebunden ist, desto stärker ist sein Bestand von dieser abhängig.

Die Verlustquote der Beutetierarten steht weiterhin in engem Zusammenhang mit Veränderungen anderer Umweltfaktoren. Freibrütende Singvögel leiden im kahlen Frühlingswald unter erheblich stärkeren Verlusten als nach dem Laubausbruch und dem Schluß der Baumkronen. Bei den Insekten sind insbesondere die ruhenden Stadien gefährdet. Die in der Streuschicht der Wälder überdauernden Insektengruppen werden durch wirbellose und warmblütige Prädatoren alljährlich um etwa 75% dezimiert.

Die Kohlmeise (*Parus major*) könnte mindesten 8 Jahre alt werden, ihre mittlere Lebenserwartung liegt jedoch bei $1^1/_2$ Jahren. In einem begrenzten Beobachtungsgebiet fielen während 7 Jahren 81% der Singdrosselpopulation (*Turdus philomelos*) den Krähen, Eichelhähern, Eichhörnchen und Baummardern zum Opfer. Kein kleiner Warmblüter dürfte deshalb in freier Wildbahn das mögliche Höchstalter erreichen und den physiologischen Alterstod sterben.

Das einst von Luchs (*Lynx lynx*) und Wolf (*Canis lupus*) kontrollierte Rotwild (*Cervus elaphus*) hat in Mitteleuropa nach der

Ausrottung der beiden Prädatoren keinen natürlichen Feind mehr, so daß seine Populationen vom Menschen durch Abschuß und Hege reguliert werden müssen.

3. Dynamik der Landtierbevölkerungen

Mit dem Begriff Population oder Bevölkerung wird die genetisch mehr oder weniger einheitliche Fortpflanzungsgemeinschaft einer Art bezeichnet, die einen ökologisch (oder nur topographisch) abgegrenzten Raum besiedelt. Dieser besteht aus einem Mosaik passender, weniger geeigneter und ungeeigneter Habitate, deren Auswahl vor allem von Art und Ausmaß ihrer jeweiligen Pessima und zum anderen von der Fähigkeit der Individuen bestimmt wird, den Fortbestand der Population fördernde Eigenschaften voll auszuschöpfen. Pessimale Wirkungen, welche die Aufnahmefähigkeit oder Kapazität der Umwelt begrenzen und die Entwicklung der Population hemmen, können abiotischer und biotischer Art sein.

3.1. Funktional-statistische Elemente der Populationsstruktur

Die Populationsstruktur wird vor allem bestimmt vom Altersaufbau, vom Anteil der Geschlechter, vom Gesundheitszustand, von der Dichte und der Verteilung ihrer einzelnen Glieder und kann jeweils nur als Augenblicksbild statistisch erfaßt werden. Dem Begriff der Verteilung oder Dispersion der Individuen einer Bevölkerung in ihrem Lebensraum entspricht auf der Artebene die Bezeichnung Verbreitung oder Distribution im tiergeographischen Sinne. Der Altersaufbau einer Population hängt zunächst davon ab, ob diese nur eine Generation oder mehrere, gleichzeitig nebeneinander lebende Generationen umfaßt. Demzufolge besteht eine Bevölkerung zu einem bestimmten Zeitpunkt entweder nur aus Individuen des gleichen bzw. fast gleichalter

Entwicklungsstadien oder im anderen Falle aus allen Stadien bzw. Altersklassen nebeneinander. In bisexuellen Populationen treten im Falle genotypischer Geschlechtsbestimmung die beiden Geschlechter in übereinstimmenden Zahlen auf. Das normale Geschlechterverhältnis 1:1 kann in Populationen mit unterschiedlicher Sterblichkeit und Vagilität der beiden Geschlechter sowie im Falle phänotypischer Geschlechtsbestimmung durch Umwelteinwirkungen abgeändert sein. Von besonderer Bedeutung für die Existenz einer Population ist der Rückgang ihres Weibchenanteiles, während ein erhöhter Ausfall an Männchen häufig durch deren Fähigkeit, mehrere Weibchen zu begatten, ausgeglichen wird.

Für die Mehrzahl der Tierpopulationen ist die Fortpflanzung an bestimmte Jahreszeiten gebunden. Das gilt insbesondere für unipare Arten, während bei manchen pluri- und multiparen Arten die Fortpflanzungstätigkeit nur durch ungünstige Witterungsbedingungen gehemmt oder unterbrochen wird. Unter besonders gleichmäßigen Umweltbedingungen, wie sie beispielsweise der Kornkäfer *Calandra granaria* in Getreidelagern vorfindet, werden ohne Unterbrechung täglich Eier abgesetzt. Bei pluriparen Insekten schließt sich an die Eiablageperiode ein Regenerationsfraß, eine Erschöpfungs- oder eine endogen gesteuerte Diapausephase an. Eiablage und Werfen der Jungen vollziehen sich entweder kontinuierlich und in fast gleichmäßigen Abständen oder diskontinuierlich bzw. schubweise. Die in der Anzahl der Nachkommen zum Ausdruck kommenden individuellen Leistungen der Weibchen oder deren Natalität werden von der Reproduktionsrate und der Reproduktionsfrequenz der Art bestimmt. Die reproduktive Leistung aller Weibchen einer Population wird als Fruchtbarkeit oder Fertilität bezeichnet.

Die Ermittlung des Gesundheitszustandes einer Population geschieht meist auf dem Umweg über die Feststellung des Anteiles noch lebender kranker bzw. parasitierter Individuen. Die Morbidität ist nicht mit der Mortalität gleichzusetzen, weil nicht sämtliche kranke Tiere vor Eintritt der Fortpflanzungsreife absterben und damit die Existenz der Population direkt gefährden. Zu den kranken Individuen, deren Anteil zwischen 0 % und 100 % schwanken kann, zählen auch solche Tiere, deren Verhalten in irgend einer Weise abartig ist.

Über das Individualverhalten hinaus gibt es Verhaltensweisen homotypischer Kollektive, die nur in der Tiergruppe zur Auswirkung kommen und in ihrer allgemeinen Ausprägung als Gruppenverhalten, im speziellen Falle als Sozialverhalten bezeichnet werden.

Als Gegenspieler der Fertilität einer Population wirkt die Sterblichkeit oder Mortalität, deren Tempo und Umfang von Faktoren abhängen, die teils in der Natur des Individuums und teils in seiner Umwelt beschlossen liegen. Von wesentlichem Einfluß auf die Überlebenschance eines Individuums ist seine Konstitution, die sich aus angeborenen und erworbenen Elementen zusammensetzt. Viele konstitionell schwache Tiere setzen die Gesamtkonstitution einer Bevölkerung herab. Jede natürliche Population durchlebt Phasen der Konstitutionsschwächung und solche der positiven Konstitutionsentwicklung und bietet damit der Selektion schwacher und leistungsbehinderter Individuen wichtige Ansatzpunkte. Zu den exogenen Mortalitätsfaktoren sind außer den Witterungsbedingungen und Nahrungsmangel vor allem die Episiten, die Parasiten und pathogenen Organismen sowie im gewissen Umfange auch Kannibalismus und die Auswirkungen von Rivalenkämpfen zu zählen.

3.2. Bevölkerungsbewegungen im Raume

3.2.1. Ortsveränderungen innerhalb der Biotopgrenzen

Tiere sind im Gegensatz zu Pflanzen bewegliche Glieder der Biogeozönosen. Ihre Beweglichkeit und vor allem ihr Ausbreitungsstreben trifft jedoch überall auf Schranken der verschiedensten Art, deren Überschreitung in pessimale Bereiche führt. Im allgemeinen beansprucht jedes Tierindividuum einen durch seine spezifischen Bedürfnisse bestimmten Raumausschnitt im Biotop, in dem es dem Grade seiner Beweglichkeit oder Vagilität entsprechend Ortswechsel vornimmt. Dieser von ihm belaufene Biotopausschnitt ist am zutreffendsten mit dem Begriff Aktionsraum des Individuums (home range) zu bezeichnen. Er wird zeitlebens oder bei weniger seßhaften, nomadisierenden Arten auch nur zeitlich begrenzt in Anspruch genommen.

Der Umfang des Aktionsraumes wird vom Aktionsradius der Art bestimmt, der durch direkte Beobachtung oder durch Fang und Markierung mit Freilassung und Wiederfang ermittelt wird. Wildkaninchen (*Oryctolagus cuniculus* L.) entfernen sich kaum weiter als 50 m von ihrem Bau, der einem Aktionszentrum entspricht, während der Feldhase (*Lepus europaeus* Pallas) im Mittel bis 1,5 km vom Markierungsort entfernt angetroffen wurde. Männliche Waldmäuse (*Apodemus silvaticus* L.) haben einen Aktionsraum von im Mittel 30, weibliche einen solchen von nur 10 ar. Viele fliegende Insekten, wie z. B. große Schlupfwespen und Fliegenarten, sind durch Nahrungsaufnahme und Fortpflanzungsgeschäft höchstens vorübergehend an bestimmte Aktionsräume gebunden, ansonsten zählen sie zu den nomadisierenden Arten.

Bei Kleinsäugern erfährt der Aktionsraum mit Eintritt der Geschlechtsreife, insbesondere bei männlichen Individuen, eine erhebliche Ausweitung. In den Aktionsräumen werden Artgenossen beiderlei Geschlechtes normalerweise geduldet, damit stehen sie im Gegensatz zu den Territorien oder Revieren, die von Individuen oder Gruppen von solchen gegen eindringende Artgenossen verteidigt werden. Solche Territorien können Nahrungs-, Paarungs-, Nest- oder Überwinterungsreviere sein. Territorialverhalten ist von beispielsweise Spinnen und Libellen, sonst aber in erster Linie von Wirbeltieren bekannt. Die Aufgliederung der Biotope in Territorien sichert der Art eine gleichmäßige Verteilung der Paare im Raum und damit zugleich dessen optimale Ausnützung (Abb. 7). Die Paarbildung ihrerseits wirkt sich primär günstig auf die Jungenaufzucht und sekundär auf die Populationsentwicklung aus.

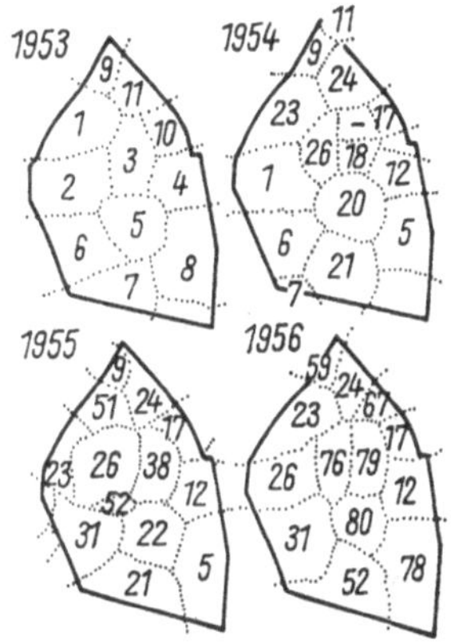

Abb. 7. Territorien der Amsel (*Turdus merula*) 1953–1956 im Raum Oxford (nach SCHWERDTFEGER). Die eingetragenen Zahlen entsprechen der festgestellten Männchenfolge.

Jahreszeitlich und zyklisch bedingte Gründe führen in vielen Fällen zu einer schrittweisen oder auch sprunghaften Verlagerung der Aktionsräume, wobei größere Arten im allgemeinen schneller umsiedeln als kleine, die länger in ihren Räumen verbleiben. Jeder Lebensraum ist in vertikale und horizontale Struktur- und Substrukturelemente gegliedert, die als Straten und Horizonte und als Biochorien bezeichnet werden. Jeder Horizont weist horizontstete und damit horizontspezifische sowie horizontvariable Arten auf. Straten- und Horizontwechsel vollziehen sich bei tag- und nachtaktiven, heliophilen und heliophoben, hygrophilen und hygrophoben Tieren regelmäßig in jeweils entgegengesetzter Richtung. Auslösend auf diese täglichen Bewegungen innerhalb des

Aktionsraumes wirkt das Aufsuchen substrukturell gebundener Präferenzbereiche. Das Abbaumen der Raupen des letzten Stadiums zur Verpuppung oder zur Überwinterung in den oberen Bodenschichten entspricht einem zyklisch und jahreszeitlich bedingten Stratenwechsel. Prädatoren sind nur indirekt an Straten und Horizonte gebunden.

Für den Biochorienwechsel gelten die gleichen auslösenden Faktoren wie für den Wechsel innerhalb der vertikalen Biotopstrukturen. Es kann sich um jahreszeitlich, tageszeitlich oder zyklisch bedingten Wechsel, also beispielsweise um das Aufsuchen von entfernt gelegenen Überwinterungsquartieren, Schlafplätzen (Krähen, Stare) oder geeigneter Orte für den Reifungsfraß und die Eiablage handeln. Jungtiere zeigen häufig kurz nach dem Schlüpfen oder Flüggewerden ein typisches Ausbreitungsverhalten, das sie noch vor Eintritt der Fortpflanzungsreife aus dem Aktionsgebiet der Eltern wegführt. Das Ausmaß dieser Dispersion ist vom Fortbewegungsvermögen abhängig. Weibliche Apfelwickler (*Carpocapsa pomonella* L.) legen nach vollzogener Kopulation ihre Eier in einem Umkreis bis zu etwa 100 m ab. Junge Füchse (*Vulpes vulpes*) entfernten sich im Mittel 4,6 km vom elterlichen Bau, und junge Kohlmeisen (*Parus major* L.) zerstreuten sich ebenfalls in einem Umkreis von einigen hundert Metern um das ehemalige Nest, sammeln sich jedoch zu Beginn des Winters tagsüber wieder zu einem losen Schwarm. Am Abend suchen die Meisen während der Wintermonate jeweils getrennte Schlafplätze auf, um sich am nächsten Morgen wieder zusammenzufinden. Auch für Jungstare (*Sturnus vulgaris* L.) konnte durch Beringung und Wiederfänge eine solche Dispersionsphase ohne Bildung von Wintergemeinschaften nachgewiesen werden.

3.2.2. Migrationen

Räumliche Bewegungen besonderer Art stellen die mehr oder weniger regelmäßig einsetzenden Wanderungen oder Migrationen dar. Dabei kann es sich um Ab- oder Zu- bzw. Einwanderungen oder um ein Durchwandern von Teilpopulationen handeln. Dringen die Migranten in Gebiete ein, die nicht zum Artareal gehören und wieder verlassen werden, so trifft auf ihre Migration, wie z. B. beim Sibirischen Tannenhäher (*Nucifraga c. caryocatactes* L.) nach Mitteleuropa, die Bezeichnung Invasion zu. Massenwanderungen sind außer von Vögeln („Invasionsvögel“) auch von Insekten („Wanderfalter“, Wanderheuschrecken, Libellen) und Säugetieren (Lemminge) bekannt. Die Darstellung der Fangzahlen von 3 Schwärmerarten aus England und Holland, die sich dort nicht fortpflanzen, aber jedes Jahr in etwa derselben Stärke und zu übereinstimmender Zeit einfliegen, zeigt, daß es sich um synchron ablaufende Wanderungen handeln muß (Abb. 8). Das Taubenschwänzchen (*Macroglossa stellatarum* L.) ist von Südeuropa und Nordafrika bis Korea, Japan und Südindien verbreitet und erreicht unser Gebiet vom Mittelmeerraum aus. Auch der Windenschwärmer (*Herse convolvuli* L.) ist Großraumwanderer mit kosmopolitischer Verbreitung, die außer Europa und Afrika auch ganz Asien und Australien einschließt. An den südlichen Gestaden des Mittelmeeres ist der Totenkopfschwärmer (*Acherontia atropos* L.) zu Hause. Ein erheblicher Teil der dort aufgewachsenen Populationen verläßt fast in jedem Jahr das Heimatgebiet und wandert nordwärts über Mittel- bis Nordeuropa. Er tritt auch in Finnland und Schweden auf, in manchen Jahren erreicht er sogar Island.

Dauernde oder zeitlich vorübergehende Umsiedlung ganzer Populationen liegt bei nomadisierenden Gazellen und Zebras in den afrikanischen Steppengebieten und bei den Zugvögeln als Wechsel zwischen Sommer- und Winterquartier vor. In anderem Zusammenhang wurden bereits die ana- bzw. katadromen Lachse und Aale als Migranten zwischen Laich- und Nahrungsgebieten erwähnt. Während Zugvögel klimatisch bedingte Ausweichzüge ausführen, fallen die Laichzüge der genannten Fische in die Kategorie der Fortpflanzungszüge. Räumlich begrenzten Zügen, wie denen des Karibu (*Rangifer tarandus* L.) zu Beginn des Winters aus den Tundrengebieten in den waldreichen Süden Kanadas, sowie in umgekehrter Richtung im Frühjahr, steht die großräumige Überquerung von Kontinenten und Meeren gegenüber (Vogelzug, Wanderfalterzug).

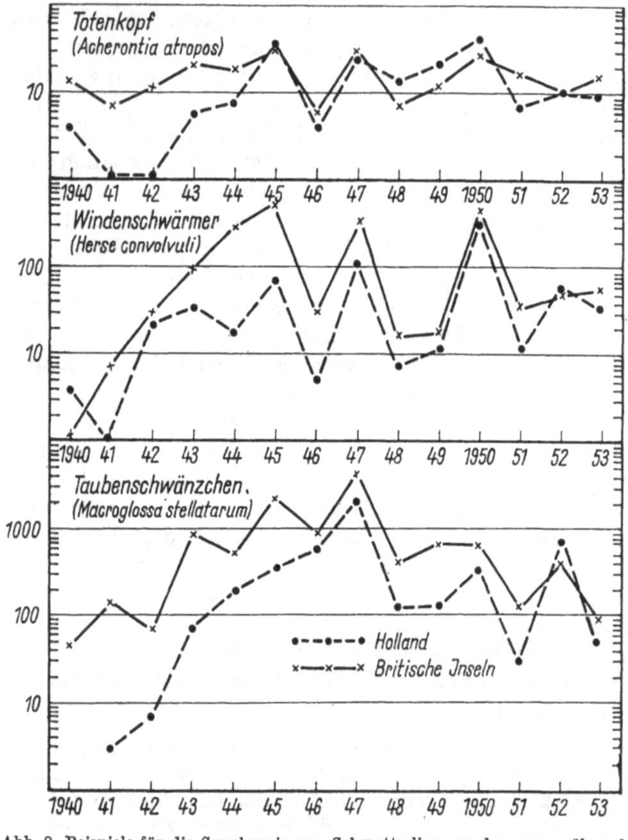

Abb. 8. Beispiele für die Synchronie von Schmetterlingswanderungen während der Jahre 1940–1953 auf den Britischen Inseln und in Holland (nach WILLIAMS)

3.2.3. *Arealerweiterungen*

Zur Neubesiedlung führt eine Migration, wenn sie auf neu entstandene, noch unbesiedelte Landflächen trifft, wie dies nach Großflächenbränden, bei plötzlichen Seenverlandungen und Sumpftrockenlegungen sowie Eindeichungen bisherigen Meeresküstenbodens der Fall ist. Für Süßwassertiere ergeben sich ähnliche Situationen beim Aufstauen von Wasserläufen zu Teichen und Talsperren. Insbesondere der moderne Küstendeichbau, der es heute möglich macht, Flächen von 1000 ha und mehr durch Aufhöhung von Bodenstreifen über die maximale Hochwassergrenze im pflanzenfreien Wattenmeer abzutrennen und nach Versickerung und Verdunstung des Meerwassers zunächst künstliche Salzwüsten entstehen zu lassen, gibt die Möglichkeit zur Beobachtung der Besiedlung durch terrestrische Tiere nach dem Absterben der marinen Fauna. Bereits während der ersten Monate nach der Eindeichung steigt die Individuendichte der epigäisch lebenden Coleoptera erheblich an. Es sind zunächst halobionte Vorlandarten, die noch im ersten Jahr durch Carabiden mit über 12 mm Körperlänge ergänzt werden.

Nach Beginn der Kultivierungsarbeiten in den 3 bis 6 Jahre alten Krögen treten in zunehmendem Maß halobionte und halophile Arten zurück; insgesamt erhöht sich die Artenzahl in diesem Zeitraum um 58 Coleopterenarten, zu denen 26 Carabiden- und 23 Staphylinidenarten zählen. Gleichzeitig dringen mit den eingebrachten Kulturpflanzen und den eingeschleppten, nicht-halophilen Unkräutern eine Anzahl phytophager Käferarten in die Köge vor. Als Weideland genutzte, 30 Jahre alte Köge lassen einen deutlichen Rückgang der Arten- und der Individuenzahlen der Käfer gegenüber Jungkögen erkennen. Die fluguntüchtigen größeren Carabiden besiedeln das Neuland in breiter Front; geben sie es später wieder auf, so tritt an die Stelle ihrer zunächst fast homogenen Dispersion ein insularer Verteilungsmodus. Das Maximum der Individuendichte in der Marsch wird 1 bis 2 Jahre, das Maximum der Artendichte 6 Jahre nach der Eindeichung erreicht.

Jede Neubesiedlung entspricht zugleich einer Erweiterung des Artareals, für die es auch zahlreiche historische Beispiele gibt. So hat der Feldhase (*Lepus europaeus* Pallas) sein Areal zwischen 1825 und 1925 um mehrere hundert Kilometer nach Osten vorgeschoben, während der Girlitz (*Serinus serinus* L.) vom Beginn des 19. Jahrhunderts ab sein ursprünglich auf das Mittelmeergebiet beschränktes

Verbreitungsgebiet über ganz Mitteleuropa ausgedehnt hat. Das wohl eindrucksvollste Beispiel für eine progressive Inbesitznahme neuer Siedlungsräume bietet gegenwärtig die Balkan- oder Türkentaube (*Streptopelia decaocto* Friv.), die innerhalb zweier Jahrzehnte ihr Artareal vom Balkan über einen großen Teil Europas ausdehnen konnte.

Ganz entsprechende Ausbreitungsabläufe haben sich für viele Insektenarten nachweisen lassen. Unter den 87 Tagfaltern Nordwestdeutschlands finden sich 7, die ihr Areal in nördlicher Richtung erweitert haben. Dabei ist allerdings nicht in jedem Falle sicher, ob es sich um eine echte Neubesiedlung oder um eine Wiederbesiedlung des im Verlaufe des Pleistozäns verlorengegangenen Gebietes handelt. Der Spanner *Eupithecia sinuosaria* breitete sich seit 1875 in westlicher Richtung von der Linie Leningrad—Astrachan bis ins Ruhrgebiet, nach Niederösterreich, Südnorwegen und Südschweden, also über mehr als 1000 Kilometer aus.

Der bereits erwähnten passiven Verdriftung von Landtieren durch Luft- und Wasserströmungen, die unter Umständen ebenfalls zu Arealerweiterungen führt, muß an dieser Stelle die passive Verschleppung als Sonderform einer Translokation durch weite Strecken fliegende Transporttiere und durch moderne Verkehrsmittel angeschlossen werden. Kleine Tiere und deren Eier sowie Ekto- und Endoparasiten können im Gefieder bzw. Darmkanal von Wasservögeln über weite Entfernungen verschleppt werden. Der Mensch hat bewußt durch Einführung von Haus-, Nutz- und anderen Tieren in fremde Erdteile (Hauskaninchen nach Australien; Star und Haussperling nach Nordamerika) oder unbeabsichtigt durch Einschleppung von Schädlingen mit importierten Kulturpflanzen Faunenverfälschungen provoziert, die in manchen Gebieten durch expansive Ausbreitung zu Störungen des biologischen Gleichgewichts und zu großen wirtschaftlichen Schäden geführt haben. Besonders ungünstig wirkte sich auch die Freisetzung einzelner Haustierarten und deren spätere Verwilderung aus. Zur biologischen Bekämpfung einheimischer oder eingeschleppter phytophager Schädlinge werden heute deren

Parasiten nachträglich versuchsweise eingeführt. Jeder Einsatz der faunenfremden Tierarten birgt die Gefahr des Ausweichens auf andere Wirtspflanzen und -tiere in sich. Viele Gesundheits- und Vorratsschädlinge sowie Lästlinge unter den Arthropoden sind durch die Unachtsamkeit des Menschen zu Kosmopoliten geworden. Die Gefahr der Verschleppung von Krankheiten, ihrer Überträgerorganismen und bestimmter Kulturpflanzenschädlinge von Land zu Land wächst mit der allgemeinen Steigerung des interkontinentalen Verkehrs, insbesondere des Luftfrachtgütertransportes und der Zunahme der Fluggeschwindigkeiten, welche die Entfernungen zwischen den Kontinenten, d. h. die Zeit zwischen Be- und Entladung in einem Raum mit konstantem Binnenklima auf wenige Stunden zusammenschrumpfen lassen.

Zahlreich sind auch die aus verschiedenen Gründen, meist unter wirtschaftlichen, wissenschaftlichen und jagdsportlichen Gesichtspunkten vorgenommenen Einbürgerungen (z. T. Wiedereinbürgerungen) von Warmblütern. In Europa konnten bisher 33 Säugetier- und 13 Vogelarten erfolgreich eingebürgert werden. Etwa die Hälfte dieser Arten stammt aus Europa selbst, die übrigen aus anderen Kontinenten. Bei insgesamt 65 Arten, darunter 48 außereuropäischen, ist die Einbürgerung mißlungen. Der größere Einbürgerungserfolg der Säugetiere ist auf deren stärkere Bindung an die Bodenoberfläche, sein Scheitern bei den Vögeln auf deren größere Ortsbeweglichkeit zurückzuführen. Von den 13 in Europa eingebürgerten Vogelarten hat nur der Fasan (*Phasianus colchicus* L.) vom gesamten Gebiet Besitz ergriffen, die restlichen Arten, ohne den wiedereingebürgerten Höckerschwan (*Cygnus olor* Gmelin), besiedeln nur begrenzte Flächen.

3.2.4. *Areale und Arealgrenzen der Landtiere (Chorologie)*

Das gesamte Verbreitungsgebiet einer Art ist von deren Populationen ausgefüllt, die sich im allgemeinen genetisch voneinander unterscheiden und deshalb stets eine gewisse geographische Variation aufweisen. Die lokalen Populationen sind durch Übergänge verbunden und heben sich nur dort auch äußerlich in mehr oder weniger auffallender Weise voneinander ab, wo sie in räumlicher Isolierung von den Nachbarpopulationen leben. Am deutlichsten werden diese Unterschiede bei einem Vergleich von Populationen aus dem Zentrum des Verbreitungsgebietes mit solchen aus dessen Peripherie.

Von kosmopolitisch, zirkumboreal oder zirkumtropisch verbreiteten Arten abgesehen, sind die Verbreitungsgebiete der Land- und Süßwasserbewohner begrenzt und überschaubar. Ihre Ausdehnung wird in erster Linie von der ökologischen Potenz der Arten bestimmt, die wiederum nur dann voll zur Auswirkung kommt, wenn sie nicht durch abiotische oder biotische Faktoren entscheidend eingeschränkt wird. Potentiell bewohnbare Gebiete können nicht besiedelt werden, solange existenzökologisch unüberschreitbare Schranken die Arten daran hindern. Dies gilt in besonderem Maße für auf Inseln lebende Arten, bei denen durch die Isolierung eine ökologische Stenopotenz vorgetäuscht sein kann. Vielen nicht flugfähigen terrestrischen Tieren bedeutet die Küstenlinie der Meere eine unüberwindbare Schranke. Dasselbe gilt für die Uferbereiche der Fließgewässer und für Wald- und Baumgrenzen gegen die offene Landschaft (einschließlich der Tundren und Steppen) sowie für den Höhenunterschied zwischen der Ebene und dem Hochgebirge.

Die Arealgrenzen der Arten sind durch einzelne oder mehrere ökologische Faktoren in nicht immer klar erkennbarer Weise festgelegt. Nur selten lassen sie sich auf großklimatisch definierte Linien, wie Isothermen oder Isohygren festlegen (Abb. 9). Für wenig ortsbewegliche Landtierarten sind ohnehin die kleinräumigen bestands- oder mikroklimatischen Verhältnisse von entscheidenderer Bedeutung als das den Landschaftscharakter bestimmende Großklima.

Der Randbezirk des Verbreitungsgebietes einer Art wird durch eine Linie begrenzt, jenseits der eine normale Fortpflanzung durch die Wirkung von Selektionsfaktoren verhindert und die üblicherweise als Artgrenze bezeichnet wird. Die Schwankungsbreite des in erster Linie begrenzend wirkenden Faktors bestimmt, ob und für wie lange Zeit Teile der Randpopulationen auf exterritorialem Gebiet Pionierkolonien bilden und erhalten können. Be-

Abb. 9. Übereinstimmung des von der 16 °C-Juli-Isotherme eingeschlossenen Gebietes mit dem fennoskandischen Artareal des Laufkäfers *Pterostichus cupreus* (nach Angaben von LINDROTH; Original)

sonders ungünstige Faktorenkonstellationen sind zu anderen Zeiten in der Lage, eine Zurückverlegung der Artgrenze zu erzwingen, so daß diese keine starre, sondern eine phasisch bewegliche Linie repräsentiert. Im Artgrenzbereich wirken Mortalität und Fertilität in verstärktem Maße als antagonistische Kräfte, hinter denen sämtliche anderen Umweltfaktoren, insbesondere die von der Populationsdichte direkt abhängigen in der Wirkung weit zurückbleiben.

Nicht in allen Fällen sind Arealgrenzen ein Ausdruck für die maximal mögliche Ausdehnung des Siedlungsgebietes einer Art. Ausbreitungsverhindernd wirkt beispielsweise das Aufeinandertreffen von zwei nahe verwandten Arten, deren ökologische Potenzen einander weitgehend entsprechen. Die Verbreitungsgebiete des Sprossers (*Luscinia luscinia* L.) und der Nachtigall (*Luscinia megarhynchos* Brehm) treffen in Mitteleuropa an einer Linie

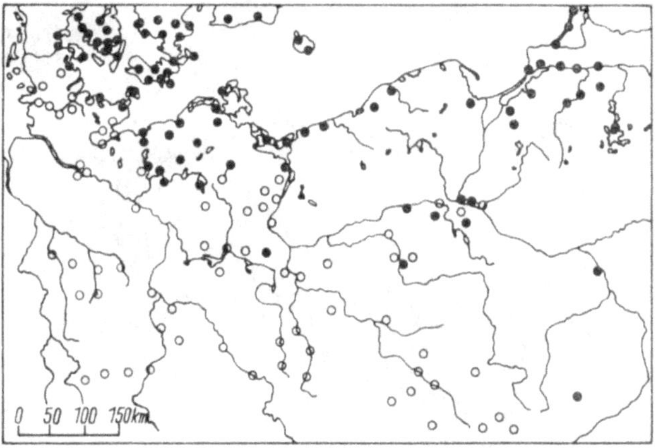

Abb. 10. Arealgrenzen von Sprosser (volle Kreise) und Nachtigall in Mitteleuropa (nach DE LATTIN)

von Schleswig-Holstein zum Kaukasus aufeinander, überschneiden sich jedoch nur in schmalen Grenzbereichen (z. B. zwischen Elbe und Oder; Abb. 10). Es handelt sich bei ihnen um zwei allopatrische Arten, die sich in einander entsprechenden Biotopen gegenseitig vertreten, ohne bei sympatrischem Vorkommen in Überschneidungsgebieten miteinander zu bastardieren.

Unter den übrigen biotischen Faktoren mit verbreitungsbestimmender Funktion ist die Nahrung der wichtigste. In vielen Fällen bildet die Verbreitungsgrenze der Wirtspflanzenart für phytophage Insekten eine unüberschreitbare Schranke, wenn ein Ausweichen auf Ersatznahrung nicht möglich ist. So nehmen die Larven einiger Buchen-Lepidopteren auch *Quercus*- und *Carpinus*-

Laub an, andere Arten finden sich im Norden mit *Calluna* oder im Bereich der europäischen Mittelgebirge mit *Vaccinium* ab. Zweifellos spielen auch das Vorhandensein oder Fehlen bestimmter Parasiten- und Episitenarten die Rolle von Korrektoren der Arealgrenzen.

Die relative Starrheit des Verlaufes der Arealgrenzen mancher Arten kann auch Ausdruck für eine maximale Ausdehnung ihres Siedlungsgebietes sein. Die Auflösung des geschlossenen Artenareals in einzelne Siedlungsinseln in den Außenbereichen ist umgekehrt Anzeichen für den Beginn einer regressiven Entwicklung. Solche Regressionen können durch das Überwiegen von Mortalitätsfaktoren oder bei vagileren Arten durch aktive Rückwanderung in das Zentrum des Areals eingeleitet werden oder in fortgeschrittenen Stadien zur Entstehung disjunkter Restareale Anlaß sein, die schließlich von Reliktarten aufrecht erhalten werden. Unter besonderen, lange Zeiträume und starke Großklimaänderungen voraussetzenden Bedingungen sind solche Restareale zu Rückzugsgebieten oder Refugien bestimmter Arten geworden. Die Glazialrefugien haben nach dem Rückgang der Eisbedeckung in Europa umgekehrt Ausbreitungszentren für die Wiederbesiedlung der eisfrei gewordenen Festlandsfläche abgegeben. Dies geschah insbesondere während der Littorina-Zeit (6000 bis 4000 v. d. Zw.), die als Folge einer allgemeinen Klimaverbesserung vielen in den Glazialrefugien lebenden Tierarten Arealerweiterungen in nördlicher Richtung ermöglichte.

3.3. Abundanzschwankungen

Zu jedem Zeitpunkt ist eine Tierpopulation in dem von ihr bewohnten Raum in jeweils charakteristischer, von den Umweltbedingungen gesteuerter Weise verteilt. Diese Dispersion ist mannigfachen tages- und jahreszeitlich sowie verhaltensmäßig bedingten Änderungen unterworfen. Schwankungen der Verteilung der Tiere im Raum sind stets gleichbedeutend mit dem Eintritt von Unterschieden in der Individuen- und Bevölkerungsdichte oder der

Abundanz pro Raum- und Zeiteinheit. Dispersion und Abundanz bilden eine Einheit, jede Veränderung der einen zieht eine Verlagerung der anderen nach sich.

Die vollkommene Erfassung von Verteilung und Dichte von Tierpopulationen bereitet noch immer erhebliche methodische Schwierigkeiten, so daß man sich in vielen Fällen mit indirekt gewonnenen Näherungswerten abfinden muß. Aus diesem Grunde ist es meist nicht möglich, die absolute oder reale Abundanz anzugeben, es muß bei der Ermittlung der Aktivitätsdichte bleiben, mit der lediglich die Anzahl der pro Fangzeit und Fangfläche bewegungsaktiven Tiere, d. h. die relative Abundanz einer Population festgestellt wird. Erfreulicherweise laufen jedoch die Abundanzschwankungen in Freilandpopulationen mit ausreichend großen Amplituden ab, so daß deren Richtung und Umfang auch mit weniger subtilen Methoden erkannt werden können. Die Abundanzwerte schwanken sowohl kurzfristig im Verlaufe eines Jahres als auch langfristig von Jahr zu Jahr. Der Verlauf der Abundanzkurve schwingt dabei um einen mittleren Dichtebereich, wobei die artgegebene obere und untere Grenzdichte im allgemeinen nicht über- oder unterschritten werden.

3.3.1. Dichtebestimmende Faktoren

Zunahme und Abnahme einer Bevölkerung werden von Faktoren reguliert, die von der Populationsdichte abhängig oder von ihr unabhängig sind. Als dichteunabhängige Faktoren wirken der Witterungsverlauf im ganzen sowie in seinen einzelnen Elementen, die Qualität der Nahrung und die Anwesenheit anderer Arten, deren Glieder gelegentlich aber nicht planmäßig oder auch nur unabsichtlich Individuen der zur Diskussion stehenden Population vernichten. In der Regel werden die Betroffenen gefressen, sie können aber auch zertreten, ihres

Schutzes gegen zu starke Verdunstung oder ihrer Nahrungsgrundlage beraubt werden. In Früchten minierende Lepidopterenlarven werden von früchtefressenden Vögeln oder Säugetieren unbeabsichtigt, „versehentlich“ mitgefressen. Es geht in beiden Fällen nicht um Räuber-Beute-Beziehungen, die eindeutig dichteabhängig sind.

Die zweite Gruppe umfaßt Regulatoren, die direkt oder indirekt von der Abundanz bestimmt und deshalb als dichteabhängige Faktoren bezeichnet werden. Zu ihnen gehören die Episiten, Endo- und Ektoparasiten, sowie die Krankheitserreger, ferner die Nahrungsquantität und andere Faktoren, deren Angebot bei Zunahme der Population ebenfalls nicht größer wird. Von besonderer Bedeutung sind weiterhin die interspezifische Konkurrenz und die gegenseitige, störende Beeinträchtigung durch Artgenossen, die als Interferenz bezeichnet wird. Der Einfluß der dichteabhängigen Faktoren wirkt sich sofort oder auch erst später auf die Abundanz aus. Im ersten Falle könnte sich ein Räuber unmittelbar auf die in reichlicher Anzahl vorhandenen und leicht zu erlangenden Beutetiere eingestellt haben, im anderen Falle wäre an die zunächst verborgene Wirksamkeit der Larven entomophager Parasiten zu denken, weil sich die verstärkte Mortalität der Wirtepopulation und der Anstieg der Parasitenzahlen erst später auswirken. Die Abundanzkurve der Parasiten ist gegenüber der des Wirtes stets phasenverschoben, sie läuft ihr sozusagen nach.

Die aufgezählten Faktoren wirken nicht unabhängig voneinander, sondern zeitlich neben- oder nacheinander. Ihr Gesamteffekt ist nicht einfach gleich der Summe ihrer Einzelwirkungen, sondern hängt sehr stark von Zeitpunkt und Reihenfolge ihres Einsetzens ab. Wenn die Wirkung der übrigen dichteabhängigen Faktoren verzögert einsetzt, verbleibt als letzte Sicherung die Interferenz. Sie ist an einen gleichbleibenden Umweltwiderstand gebunden und wird durch erhöhtes Nahrungsangebot oder Ausfall des wichtigsten Parasiten, die einer Minderung dieses Widerstandes entsprechen, in ihrer Wirkung stark eingeschränkt.

3.3.2. Oszillationen und Fluktuationen

Die Mehrzahl der in den gemäßigten Breiten lebenden Tierarten weist eine festliegende Generationenzahl pro Jahr auf; meist ist es eine Generation (univoltiner Typ). Die Lage der Flug- oder Aktivitätszeiten der Insektenimagines hängt von dem Stadium ab, das überwintert: Ei-, Larven-, Puppen- und Imagoüberwinterer. Bei den Laufkäfern (Carabidae) lassen sich aus diesem Grunde Frühjahrs- und Herbstarten unterscheiden, die als Imago oder als Larve überwintern (Abb. 20). Arten mit mehrjähriger Generationsdauer, wie die Maikäfer, treten in Abständen von mehreren, der Gesamtdauer ihres Zyklus entsprechenden Jahren gehäuft auf („Maikäferjahre").

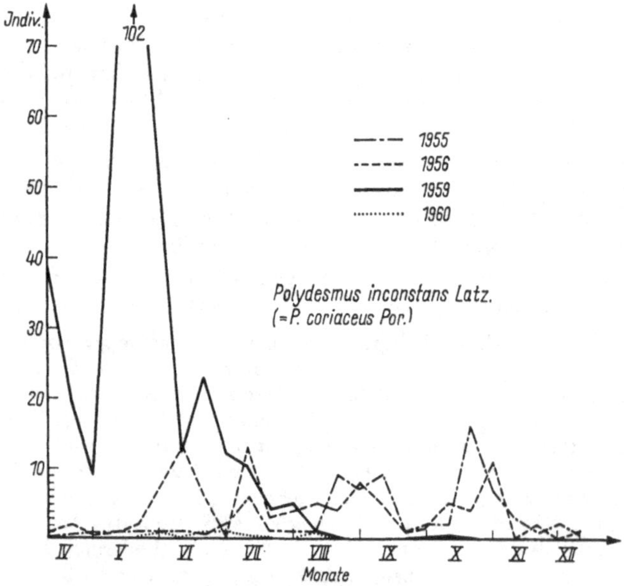

Abb. 11. Oszillationen der Aktivitätsdichte von *Polydesmus inconstans* in Luzernebodenfallen. (Raum Leipzig; Original)

In den Tropen und Subtropen herrscht der Typ mit nichtfixierter Generationsfolge vor; dort finden sich meist sämtliche Entwicklungsstadien der Insekten gleichzeitig nebeneinander. Einige solcher polyvoltinen Arten leben auch nördlich des Wendekreises. Sie sind dadurch gekennzeichnet, daß jedes Entwicklungsstadium überwinterungsfähig ist.

Anzahl, Beginn und Ende der Generationszyklen bestimmen die Schwankungen der Abundanz. Mit dem Be-

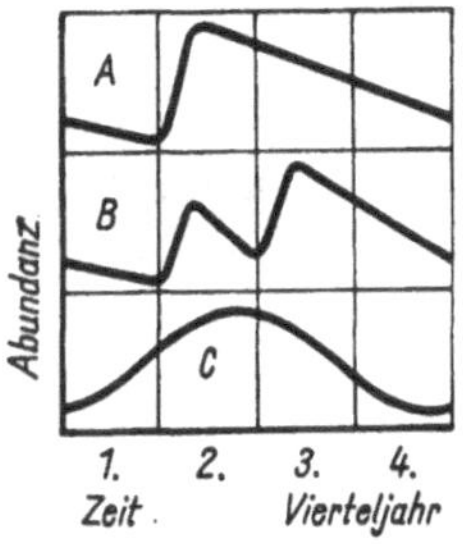

Abb. 12. Typen der Oszillationskurven (nach SCHWERDTFEGER)

ginn der Eiablage bei Insekten und Vögeln sowie dem Werfen der Jungen bei Säugern steigen die Populationsdichtezahlen alljährlich sprunghaft an, um während der folgenden Monate bis zur nächsten Fortpflanzungsperiode durch das Eingreifen dichteregulierender Faktoren mehr oder weniger kontinuierlich abzusinken. In graphischer Darstellung bietet diese sich in ähnlicher Weise wiederholende intrazyklische oder intraannuäre Abundanzdynamik das Bild einer ungleichmäßigen Schwingung oder Oszillation (Abb. 2 und 11). Mehrjährige Generationsdauer oder das Auftreten mehrerer Generationen in einem Jahr bestimmen den jeweils spezifischen Verlauf der Oszillationskurven (Abb. 12). Die häufigste Form entspricht dem Typ A, die auch für Populationen mit mehreren unterschiedlich alten Generationen zutrifft. Die zweigipflige Oszillationskurve (Typ B) entspricht einer bivoltinen Insektenart, etwa dem Kohlweißling (*Pieris brassicae* L.) in Mitteleuropa, der es im vorderen Orient auf 7 und mehr Generationen bringt. Der dritte Typ C kommt einer tropischen Insektenart zu, deren Zyklus an die Regenzeit gebunden ist. Die Amplitude der Oszillationskurve wird um so flacher, je weniger Einfluß die jahreszeitlichen Bedingungen auf das Reproduktionsgeschehen nehmen.

Durch Auswahl eines bestimmten Entwicklungsstadiums einer Artpopulation glättet sich der Kurvenverlauf und widerspiegelt dann die Fluktuation oder den Massenwechsel der betreffenden Art. Die Fluktuationskurve erfaßt das Verhältnis von Fruchtbarkeit und Sterblichkeit in einer Serie zusammenhängender Jahre, unterdrückt aber den realen Gang der Abundanz und die mit ihr gegebenen großen Amplituden.

3.3.3. Gradationen

Das in Pflanzenmonokulturen vorhandene Überangebot an Nahrung vermag bei phytophagen Arten unter optimalen bestandsklimatischen Verhältnissen den Umweltwiderstand zeitweise so erheblich zu mindern, daß die Zunahme ihrer Populationsdichten die oberen Grenzwerte in relativ kurzer Zeit weit überschreitet. Die dabei auftretenden Erscheinungen werden als Massenvermehrungen oder Gradationen bezeichnet. Auf die durch normale Fluktuationen gekennzeichnete Latenzphase folgt die Progradationsphase, während der die Individuenzahlen zunächst langsam und stetig, später jedoch sprunghaft und steil bis zum Kulminationspunkt ansteigen. Mit seinem Eintritt beginnt der Zusammenbruch der Massenvermehrung, der sich während der Retrogradationsphase in einem ebenso rapiden Abfall der Individuenzahlen wieder der Ausgangssituation, d. h. der nächsten Latenzphase nähert.

Jede Tierpopulation weist Individuen mit geschwächter Konstitution auf, die genetisch bedingt oder durch exogene Einflüsse ausgelöst sein kann. Diese Individuen werden normalerweise durch natürliche Selektionsvorgänge ausgeschaltet und gelangen nicht zur Fortpflanzung. Mit dem Einsetzen einer Übervermehrung, die durch Rückgang des Selektionsdruckes (Minderung des Umweltwiderstandes) auf die relativ kleine Ausgangspopulation in Gang gesetzt wird, kommen auch Individuen mit ungünstigen, zunächst heterozygot vorhandenen rezessiven Erbanlagen zur Fortpflanzung. Die überoptimalen Umweltverhältnisse schränken die natürliche Auslese ein und steigern die Überlebungschance der bald auch homozygot auftretenden vitalitätsgeminderten Individuen.

Mit dem explosiven Anwachsen der Population in der Progradationsphase nimmt deren Widerstandskraft als Folge einer allgemeinen konstitutionellen Schwächung noch weiter ab. Das Nachlassen des Selektionsdruckes schafft auf diese Weise die Voraussetzungen für die Entstehung eines Degenerationstypus, der die physiologische und genetische Gesamtsituation der Bevölkerung entscheidend schwächt. Zusätzlich auftretende Letalfaktoren führen zu Veränderungen des Sexualindex (geschlechtskontrollierte Erbgänge) und beeinflussen das Fortpflanzungspotential negativ. Die Kulminationskrise ist beispielsweise bei der Nonne (*Lymantria monacha* L.) durch Zunahme der Schlupfsterblichkeit der Eiraupen, der Mortalität aller Larvenstadien und der Puppe sowie durch die Abnahme der Männchenvitalität und der mittleren Eizahl pro Weibchen gekennzeichnet.

Der Wiedereintritt normaler Umweltbedingungen bringt eine Zunahme des Selektionsdruckes und das Ansteigen des Umweltwiderstandes, dem zuerst sämtliche degenerierten und konstitutionell schwachen Individuen der Gradationspopulation zum Opfer fallen. Nur solche Tiere überdauern die Retrogradation, die eine intakte, den normalen Schwankungen der Umweltfaktoren gewachsene Konstitution aufweisen und damit als „eiserner Bestand“ das Fortbestehen der Art während der anschließenden Latenzperiode sichern.

Diese für Insektenmassenvermehrungen geschilderten Vorgänge gelten im allgemeinen auch für solche Kleinsäuger, die, wie die Feldmaus (*Microtus arvalis* Pallas), in Feldkulturen erhebliche Ernteausfälle verursachen können. Der Zusammenbruch von Feldmausmassenvermehrungen wird durch den Gedrängefaktor, der einer Interferenzerscheinung entspricht, eingeleitet und endet in einer Krisensituation, die sich in einer allgemeinen Apathie, im Erlöschen aller Abwehr- und Fluchtreaktionen, im Absinken des Blutzuckerspiegels, verbunden mit Krampfanfällen, Lähmungen und Gleichgewichtsstörungen äußert. Die wenigen überlebenden Tiere gehen schließlich zum Kannibalismus über und verleiben sich die inneren Organe (insbesondere die Leber) der verendeten Artgenossen ein. Das geschilderte komplexe Krankheitsbild, als shock-disease-Syndrom bezeichnet, beruht auf dem durch psychische Überforderung bei zunehmender Nahrungsverknappung ausgelösten Zusammenbruch der innersekretorischen Regulation, insbesondere des Hypophysen-Nebennierenrinden-Systems.

4. Strukturen und Verknüpfungsgefüge terrestrischer Ökosysteme

4.1. Allgemeiner Überblick

Die Evolution der terrestrischen Faunen der Erde nahm wahrscheinlich ihren Ausgang von Flachmeergebieten, die ihre Bewohner in den Gezeitenzonen zuerst mit dem Medium Luft in Berührung brachten. Diese Saumbereiche boten bei Bedarf außer der Möglichkeit zur Rückkehr ins nahe Meerwasser auch Gelegenheit zum Eingraben in die Sedimentauflage und damit Schutz vor der außerhalb des Wassers sehr viel intensiveren Sonnenstrahlung. Eine wirkliche Eroberung der Festlandoberfläche oder des Epigaions durch Landtiere war erst möglich, nachdem die Pflanzenwelt eine sichere Ernährungsbasis für Tiere geschaffen hatte. Für viele terrestrische Tierarten ist das feuchtigkeitsgesättigte Bodeninnere, das Endogaion, bis heute spezifischer Lebensraum geblieben, der, wenn er nicht dauernd bewohnt, doch wenigsten bedarfs- oder zeitweise als Refugium aufgesucht wird. Die Mehrzahl der Gliederfüßer und der Wirbeltiere hat sich im Verlaufe der Evolution weitgehend vom Wasser, einschließlich des im Boden vorhandenen, unabhängig gemacht und den völlig andersartigen Bedingungen des Mediums Luft angepaßt. Eine Sonderstellung nehmen Landtierarten ein, die zeitlebens oder während einer Phase ihres Lebenszyklus innerhalb pflanzlicher Gewebe endophytisch oder im Körper anderer Tiere endozoisch leben; ihre Existenz ist nach wie vor an das Vorhandensein eines wasserhaltigen Mediums gebunden. Im einzelnen besteht die Festlandoberfläche aus Großlebensräumen ohne geschlossene Vegetationsdecke, Gras- und Krautformationen sowie Strauch- und Waldformationen, die jeweils einem warmen oder kalten, trockenen oder feuchten Großklimabereich zuzuordnen sind. Tundren und Wüsten nehmen etwa 27%, Graslandschaften 33% und Wälder insgesamt 40% der Oberfläche des Festlands ein.

In den Strömen und Flüssen, Seen und Teichen, Sümpfen, Wüsten, Tundren, Savannen und Steppen, in Wäldern sowie Kulturflächen bilden die Organismen Lebensgemeinschaften oder Biozönosen spezifischer Prägung, die mehr oder weniger deutlich gegeneinander abgrenzbar sind.

Die Gesamtheit der lebenden Glieder einer Biozönose bildet mit ihrer abiotischen Umwelt zusammen ursprünglich ein sich selbst regulierendes, im dynamischen Gleichgewicht befindliches Ökosystem, das aus Produzenten (grüne Pflanzen), Konsumenten (Tiere) und Reduzenten (Pilze, Bakterien) besteht.

Die Vegetation terrestrischer Biozönosen tritt dem Ökologen in ortsfesten, meist geschlossenen Beständen entgegen, die relativ leicht und schnell zu erfassen sind. Für Pflanzengesellschaften existieren feste Begriffe (Moor, Nieder- und Hochwald, Wiese u. a.), nicht jedoch für Tiergesellschaften, wenn von ethologisch geprägten Bezeichnungen für soziale Aggregationen (Schwarm, Herde, Pulk u. a.) abgesehen wird. Zoozönosen stellen offene Systeme loser Gesellschaften meist kontaktarmer Individuen dar, die wegen ihrer versteckten Lebensweise und Beweglichkeit zudem nur schwer vollständig zu erfassen sind. Die Inventarisierung der Faunen der meisten terrestrischen Biotope steht deshalb durchaus noch in den

Anfängen. Die Synopsis der europäischen Biogeozönosen führt zu bestimmten Verbreitungstypen, die als *Geoelemente* bezeichnet und durch *Subelemente* oder *Bereiche* mit Übergangscharakter verbunden sind.

Übersicht 1: Europäische Geoelemente und Bereiche

	Arktisches Geoelement	
	↓	
	subarktischer Bereich	
	↓	
Atlantisches Geoelement	Boreales Geoelement	
↓	↓	
	subborealer Bereich	
	↓	
subatlantischer Bereich →	Mitteleuropäisches Geoelement	← subpontischer Bereich
	↑	↑
	submediterraner Bereich	Pontisches Geoelement
	↑	
	Mediterranes Geoelement	

Jedes Geoelement ist durch das Vorkommen bestimmter Tierarten charakterisiert. In Zentraleuropa treffen die Vertreter der verschiedenen Bereiche aufeinander und bilden mit lokalen Arten zusammen ein typisches Artenmosaik.

Den horizontalen Geoelementen entspricht die vertikale Gliederung der mitteleuropäischen Gebirge und Hochgebirge. In gewisser Weise stellen diese *Höhenstufen* Äquivalente der Geoelemente höherer geographischer Breiten dar, die sich in den meisten abiotischen Faktoren kaum von diesen unterscheiden. Fauna und Flora der mitteleuropäischen Gebirge weisen außer autochthonen auch Arten mit arktischem und borealem Verbreitungsgebiet auf. Dabei lassen sich eine untere submontane und eine obere montane sowie eine subalpine von einer alpinen Stufe unterscheiden. Über der alpinen folgen schließlich die subnivale und die nivale Höhenstufe. Hier findet nur die niedere Tierwelt (z. B. Gletscherfloh, einige Milbenarten) noch Existenzmöglichkeiten. Als echtes

Alpenwirbeltier gilt der Alpensalamander (*Salamandra atra* Laurenti), Gemse (*Rupicapra rupicapra* L.) und Alpenmurmeltier (*Marmota marmota* L.) kommen auch in niedrigeren Gebirgslagen vor.

4.2. *Raumstrukturen*

Jeder Bioregion der Festlandsoberfläche, also beispielsweise einer mitteleuropäischen Kulturlandschaft, kommt ein spezifisches Gepräge zu, das sich bis in Einzelheiten seiner Strukturteile und Sonderklimate hinein auswirkt. Nächstniedere Struktureinheit ist der Biotop mit seinem Öko- oder Standortklima. Er besteht aus wenigen Straten und einer größeren Anzahl von Biochorien.

Übersicht 2:

Klima	Lebensraum		Lebensgemeinschaft	
Großklima	Bioregion		Biom	
Standortklima (Ökoklima)	Biotop		Biozönose (Phyto-, Zoozönose)	
Kleinklima (Strukturenklima)	Stratum	Biochorion	Stratozönose	Choriozönose
Kleinstklima (Mikroklima)	Merotop	Merochorion	Merozönose	Merochoriozönose

Jedes Stratum besteht aus zahlreichen Merotopen, jedes Biochorion aus Merochorien unterschiedlicher Ordnungen. Im Bedarfsfalle können die Straten und Biochorien außerdem in Horizonte aufgegliedert werden. Kleinste Einheiten der Lebensgemeinschaften sind die Merozönosen und Merochoriozönosen.

Eine Konkordanz der Tier- mit Pflanzengesellschaften ist auf höhere ökologische Einheiten beschränkt und besteht für die niederen Stufen im Angebot von Strukturteilen mit optimalen klein- und kleinstklimatischen Bedingungen, soweit es sich nicht primär um Nahrungsbindungen handelt, wie sie von phytophagen Tierarten wahrgenommen werden. Die einzelnen Tierarten nützen das in jeder Struktureinheit vorhandene Faktorengefälle sowie die jahreszeitlich bedingten Faktorenschwankungen für die Wahl ihrer Habitate voll aus. Am geringsten ist die Abhängigkeit vom Pflanzenbestand bei den kleinen und kleinsten Tierarten, deren Lebenszyklus sich auf engsten Raum oder kleinste Strukturteile beschränkt. Sie werden oft für eurytop gehalten, während bei ihnen in Wirklichkeit eine ausgesprochene Mikrostenotopie vorliegt.

4.2.1. Vertikalstrukturen

An einschichtige Biotope, wie Eis- und Felsflächen, Ufer- und Strandstreifen, Dünen- und Wüstenflächen schließen sich Tundren, Steppen und Zwergstrauchheiden mit einer dünnen Decke abgestorbener organischer Substanz als zweischichtige und schließlich Wälder als mindestens dreischichtige, eine mehr oder weniger mächtige Streuschicht tragende terrestrische Lebensstätten an.

4.2.1.1. Wälder

Vertikalschichtung und Zahl der ökologischen Nischen sind in einem Mischbestand, der sich aus Bäumen verschiedener Arten und Altersstufen zusammensetzt, reicher als in Schlag- oder Wirtschaftswäldern, deren Bestände aus gleichaltrigen Individuen derselben Baumart bestehen. Junge Reinbestände werden Dickungen, ältere vom Beginn bis zum Abschluß der Stammausbildung Stangenhölzer und nach der Ausbildung eines geschlossenen Kronendaches als Altbestände bezeichnet. Jungkulturen kommen anfänglich noch in den Genuß eines wesentlichen Teiles der Sonnenstrahlung, die bis zum Erdboden durchdringt. Mit dem Eintritt der Kronenschlußphase, die bei Fichten nach 15 Jahren erreicht wird, gelangen kaum noch 10% der Strahlung bis zur Bodenoberfläche. Später wird ein Fichtenreinbestand zwar wieder etwas lichter, läßt aber trotzdem erst oberhalb 16% Lichtgenuß eine Bodenvegetation überhaupt aufkommen. Moose beanspruchen einen Anteil von 16—18% und Beerkraut zwischen 22 und 26% der über den Kronen vorhandenen Lichtmenge. Fichtennaturverjüngung setzt gar erst bei 30% Lichtgenuß ein. Ein weiteres Kennzeichen des Ökoklimas älterer Fichtendickungen und der Fichtenstangenhölzer ist die fast absolute Luftruhe zwischen den Stämmen.

Ein dichtes Kronendach mindert tagsüber das Eindringen der Strahlung in den Stammraum vor allem durch Absorption ihres kurzwelligen Anteiles, während es nachts die effektive Ausstrahlung durch dem Bereich der Baumkronen entstammende langwellige Zustrahlung herabsetzt. Die Wipfel der Bäume bremsen die Luftströmungen und lösen sie in kleinere Turbulenzkörper auf. Die Oberfläche der Baumkronen hält auch einen erheblichen Anteil der Niederschläge zurück. Strahlungsminderung, Windbremsung und Niederschlagsbindung oder Interzeption sind wichtige bestandsklimatische Funktionen der Kronenschicht der Waldbäume.

Aus den Isoplethen der monatlichen Temperaturdifferenzen (Wald minus Feld) im Tagesgang für 3 Höhen (Abb. 13) ist zu entnehmen, daß es fast während des ganzen Jahres innerhalb der Kiefernkronen tagsüber wärmer ist als in der Luft über dem freien Feld. Am geringsten sind die Temperaturdifferenzen in 25 cm Höhe über dem Boden, und am kühlsten ist es während der Vegetationszeit tagsüber am Waldboden. Im Herbst weist er während der Nacht und bei Schneebedeckung höhere Temperaturwerte als das Feld auf.

Der Kronenraum eines Baumbestandes beherbergt während der Vegetationszeit die artenreichste Stratozönose, die sich in erster Linie aus biotopeigenen, aber auch aus biotopfremden Durchzüglern, Besuchern und

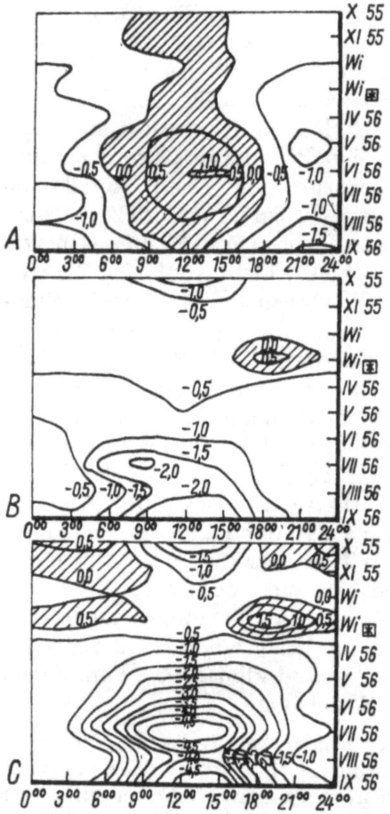

Abb. 13. Isoplethen der monatlichen Temperaturdifferenzen für den gleichen Bestand in drei unterschiedlichen Höhen (Oktober 1955 bis September 1956). A – Wald 17,0 m minus Feld 15,0 m, B – Wald 0,25 m minus Feld 0,25 m, C – Bodenoberfläche Wald minus Feld. Die Wintermonate sind zusammengefaßt; die Schneedecke ist durch einen Stern im Quadrat dargestellt (nach LÜTZKE)

Nachbarn zusammensetzt. Unter den in Kronen gefällter Kiefern festgestellten 352 Tierarten waren 300 spezifische, an diese Nadelholzart gebundene Arten. Im allgemeinen waren dichter benadelte Kronen reicher besiedelt als lichtere und ältere. Die Kronen gleichaltriger Kiefern wiesen 70%, die eines ungleichaltrigen Kiefernbestandes 80% und die eines Kiefern-Eichen-Mischbestandes 88% der insgesamt registrierten Artenzahlen auf. Im Mittel des Jahres entfielen 50 (mit den nicht erfaßbaren Dipteren- und Hymenopterenarten etwa 70) Arten auf eine Kiefernkrone. An dieser Zahl sind die Spinnen (außer den Monaten September und Oktober) mit der Hälfte, die Käfer mit 20%, Wanzen und Schmetterlinge mit je 10% beteiligt; in den Rest teilten sich die übrigen Gruppen.

Die Individuendichte in Kiefern gleichen Alters nahm vom April bis zum August ab und war darüber hinaus Oszillationen einer Art oder einiger weniger Arten unterworfen, wobei wiederum die Spinnen 50 bis 80% aller Individuen stellten. Der Kiefernspanner (*Bupalus piniarius* L.) wies im Mischwald in jedem Monat die geringste, im ungleichalten gegenüber dem gleichaltrigen die geringere Individuendichte auf, während seine Gegenspieler in umgekehrter Richtung an Zahl zunahmen.

In dem nach chemischen Bekämpfungsaktionen gegen den Grauen Lärchenwickler (*Zeiraphera diniana* Gn.) im sächsischen Erzgebirge von Kontrolltafeln abgesammelten Insektenmaterial, das dem Kronenraum von Fichten entstammte, waren die Homoptera mit 31,5%, die Diptera mit 22,1%, die Lepidoptera (ohne *Zeiraphera*!) mit 15,4%, die Coleoptera mit 8,3%, die Heteroptera mit 4,9 und die Araneae mit 2,5% vertreten. Die Lärchenwicklerraupen bestimmten das Sammelergebnis 1966 mit 92,5% und 1967 mit 86,9% Gesamtanteil. Eine grobe Aufteilung der auf diese Weise abgetöteten Fichtenkronenfauna nach der Ernährungsweise ergab 56,4% phytophage, 24,6% indifferente und 19% zoophage (4,4% Parasiten und 14,6% Episiten) Tiere.

In südwestdeutschen Kiefernforsten wurden mit Leim bestrichene Glastafeln in 1 m Höhe fängisch aufgestellt, um vor allem im Stammraum fliegende Tiere zu erfassen. Die Nematocera machten 33%, die Rindenläuse (Psocoidea) 14,2, die Erzwespen (Chalcididae) und die Collembolen je 12,5% aus. Der Anteil der Spinnen (Araneae) erreichte in diesem Stratum nur 4,2% aller Individuen. Die an sich dem Kronenraum zugehörenden

Gallmücken stellten die größte Individuenzahl unter den Nematocera. Typische Bewohner des Stammstratums sind die geflügelten Rindenläuse, die sich von Algen und Flechten der Kiefernrinde ernähren.

Wälder sind mehrschichtige Biotope, deren einzelne Straten unterschiedliche Durchgängigkeit oder Permeabilität für fliegende Tiere haben. Bei Fehlen des Strauchstratums entspricht die Durchgängigkeit eines Hochwaldes fast derjenigen des freien Luftraumes. Nadelwälder haben während des ganzen Jahres die gleiche Permeabilität, in Laubwäldern erreicht sie nach dem Laubfall ein jahreszeitlich begrenztes Maximum. Für flugunfähige und flugträge Waldtiere bieten die senkrecht stehenden Baumstämme die Möglichkeit zu Vertikalbewegungen. Diese zusätzlichen Laufflächen sind von hoher ökologischer Bedeutung und werden von den entsprechenden Lebensformtypen der Waldfauna auch genutzt. Ein Stamm von 60 cm Durchmesser in Brusthöhe und 30 m Höhe bietet einschließlich seiner stärksten Äste fast 80 m^2 Lauf- und Besiedlungsfläche. Die von den Arthropoden tatsächlich in Anspruch genommene Fläche wird natürlich von der Rindenstruktur, dem Nahrungsangebot und anderen Faktoren bestimmt. In Finnland entfielen auf je 10 kg Zweige bei Fichten fast fünfmal soviel Psociden als bei Birke, aber nur etwa 1/3 an Schmetterlingslarven, die an Birke gezählt wurden; auch die Zahl der Spinnen war an Fichtenzweigen fast doppelt so groß wie an Birken, dafür übertraf der Umfang der Blattlauspopulationen an Birke diejenigen an Fichte um fast das Sechsfache.

Besonders reich an Merochorien sind die Rinde und die darunter liegende Kambialzone (Subcorticalraum), die je nach Lage und Strahlungsgenuß sehr unterschiedliche Temperaturen aufweisen. Höchste Rindentemperaturen wurden an Sitkafichten in NW-Jütland auf der SW-Seite des Stammes mit 38 °C gemessen, niedrigste auf der N-Seite. Noch höher ist der Strahlungsgenuß des Übergangsstückes vom Stamm in die Seitenwurzeln zur Zeit des Sonnenhöchststandes; hier wurden maximal 48 °C erreicht. Die Temperaturen in den Fraßgängen des Riesenbastkäfers (*Dendroctonus micans* Kug.) unterschieden sich in Jütland nur unwesentlich von denen der unverletzten Rinde. In Rindenspalten, die von bestimmten

Arten während der heißen Tagesstunden bevorzugt aufgesucht werden, erreicht die Temperatur sowohl auf der Sonnen-, wie insbesondere auf der Schattenseite des Stammes solch hohe Werte nicht, aber auch in diesen Bereichen sind die bodennahen Habitate durch höhere Werte gegenüber den weiter oberhalb am Stamme befindlichen unterschieden.

Absterbende Fichten lassen bezüglich des Besatzes an holzzerstörenden Käfern eine deutliche Horizontierung erkennen, für die außer der Umgebungstemperatur wohl vor allem der veränderte physiologische Zustand der Leitungsbahnen des Stammes eine Rolle spielt. Der Borkenkäfer *Pythyophthorus trägårdhi* Spess. bevorzugt beispielsweise Zweige im Außenraum der Fichtenkrone, die noch Nadelreste tragen, während *Phthorophloeus spinulosus* Rey. die untersten nadelfreien Zweige belegt. *Ips typographus* L., ein weiterer Borkenkäfer (Ipidae), hält sich eindeutig an den stärksten, seit langem astfreien unteren Teil des Fichtenstammes. Nach dem Abbrechen von Ästen, im Anschluß an Blitz- und Frosteinwirkungen sowie Schälungen der Rinde durch Wild entstehen, insbesondere mit dem Beginn der Harzabscheidung und Einsetzen von Fäulnisvorgängen zusätzliche Merochorien.

Struktur und Besiedlung der Strauch-, Kraut- und Bodenoberfläche hängen in erster Linie von der Dichte des Kronenschlusses ab. Sehr dichte Kronen haben Rotbuche und Linde, stark lichtdurchlässig sind Birke, Esche und Robinie. Im Fichten- und Tannenwald gibt es keine „Frühlingsflora", sondern nur schattenfeste Blütenpflanzen und Moose. Kiefernbestände stehen in der Mitte zwischen unbelaubtem Buchenwald und schattigen Fichtenforsten. Naturverjüngung entspricht ökologisch der Bodenvegetation. Buche und Tanne kommen unter einem Altholzschirm relativ gut, Fichte schwerer und Lärche sowie Kiefer und Eiche kaum auf.

Abweichungen von den ökoklimatischen Verhältnissen der Bestände weisen Kahlschläge, Waldwiesen, Bestandeslücken und -ränder sowie größere Schneisen auf. Am Beispiel einer Naturverjüngungsfläche unter Kiefernaltholz lassen sich diese Unterschiede auf kleinem Raum demonstrieren. Dem Bild der Kronenprojektion entsprechen der Lichtgenuß (Abb. 14 B) im Vergleich zur Gesamtlichtmenge im Freiland, die mit Hilfe der Invertzucker-Methode ermittelten effektiven Mitteltemperaturen (Abb. 14 C), die Niederschlagsmenge am Boden bei mittlerer (5,5 mm pro Tag; Abb. 33 E) und hoher Regenstärke (7,1 mm pro Tag; Abb. 14 F) sowie die Evaporation (Abb. 14 D) im Vergleich zu den Freilandwerten.

Es zeigt sich eine stärkere Durchwärmung des Nordrandes der Bestandeslücke mit 81 bis 91% der im Freiland gemessenen Temperaturwerte, die durch die im Vergleich zur Südbegrenzung intensivere Mittagseinstrahlung hervorgerufen wird und den Bereich stärkster Erwärmung der Bodenoberfläche von der Bestandslückenmitte nach Norden hin verschiebt. Bei der Niederschlagsmenge der Abbildung 14 F handelt es sich um Regen in Tropfenform, der zusätzlich durch Ast- und Stammabfluß vermehrt ist.

Für die Verteilung der Homoiothermen sind das Nahrungsangebot, Nistgelegenheiten und andere qualitative Biotopeigenschaften von entscheidender Bedeutung. So brüten Greifvögel, Eichelhäher, Saatkrähen, Tauben, Buchfinken u. a. Vogelarten im Kronenbereich, Grasmücken, Goldammer, Amsel und Singdrossel im Unterholz, während Rotkehlchen, Laubsänger und Zaunkönig in Bodennähe nisten. Nur wenige Säugetiere leben im Kronen- und Stammraum: Eichhörnchen, Marder und die Gelbhalsmaus gelegentlich in Vogelnistkästen.

Während der Vegetationszeit bestimmen Art und Menge der Nahrung den Aufenthalt in den mittleren und oberen Straten, die Quieszenzperioden und der Winter werden von vielen Poikilothermen im Boden verbracht.

Die Kraut- oder Feldschicht besteht häufig aus obligaten Schattenpflanzen und fehlt deshalb während des Sommers unter einem dichten Laubholzkronendach.

→

Abb. 14. Ökoklimatische Verhältnisse auf einer Naturverjüngungsfläche unter Kiefernaltholzschirm.

A – Kronenprojektionskarte, B-Lichtverhältnisse (Lichtgenuß in % des Freilandlichtes), C – Temperaturverteilung (in % der Freilandbodentemperatur), D – Evaporation (in % der Freilandevaporation), E – Mittlerer Niederschlag (5,5 mm proRegentag), F – Starkniederschlag (7,1 mm pro Regentag) (verändert nach BARNER)

14 B

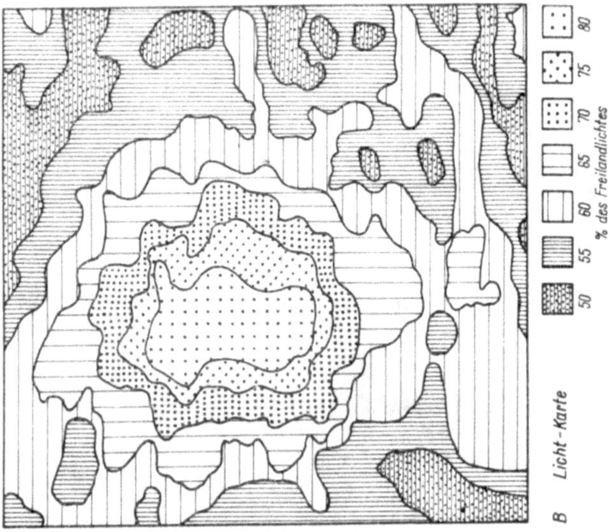

B Licht-Karte

14 A

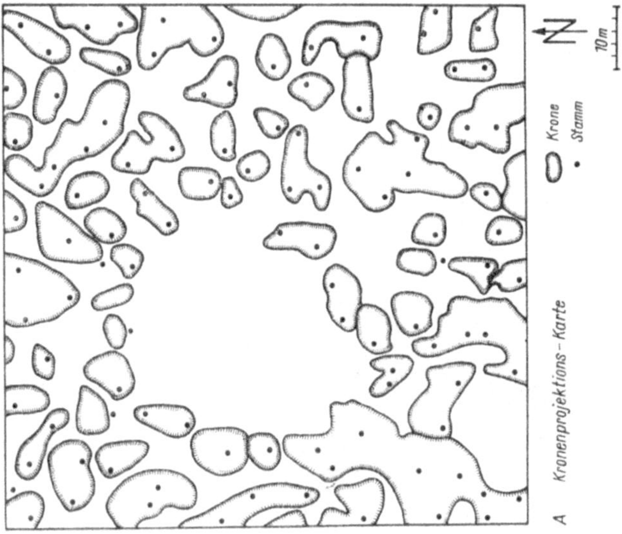

A Kronenprojektions-Karte

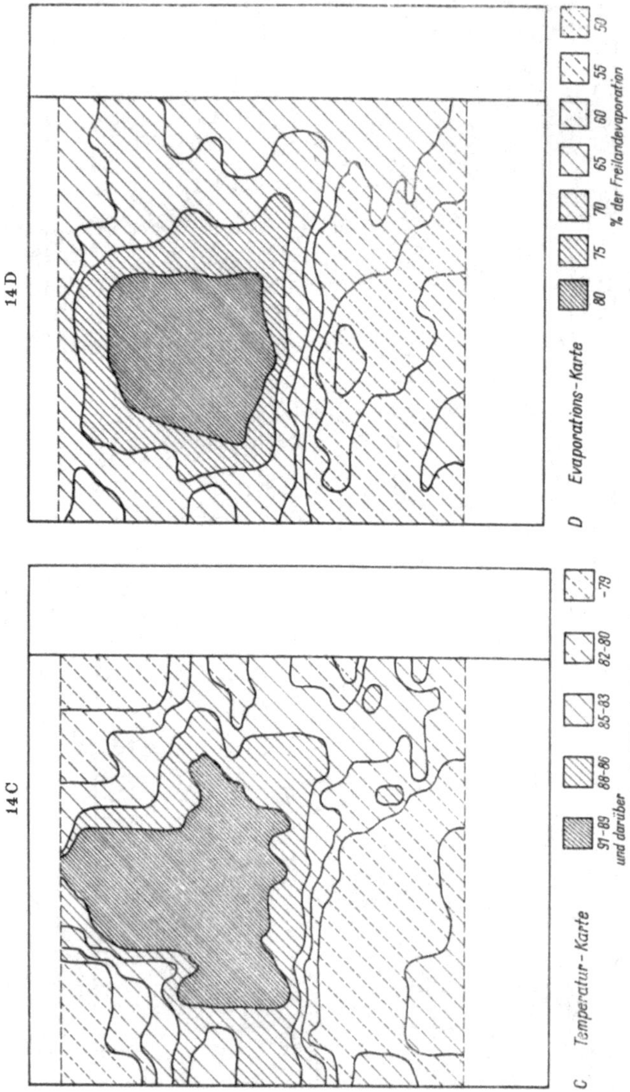
14 D
D Evaporations-Karte
80
75
70
65
60
55
50
% der Freilandevaporation
14 C
C Temperatur-Karte
91-89 und darüber
88-86
85-83
82-80
-79
% der Freiflächenbodentemperatur

14 F

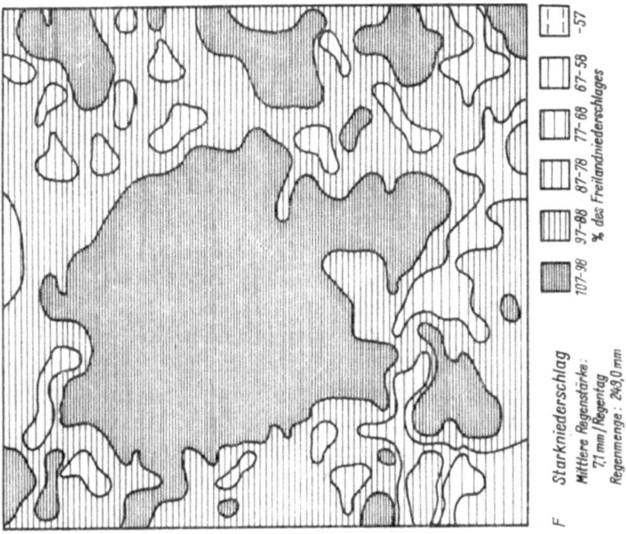
F Starkniederschlag
Mittlere Regenstärke: 7,1 mm/Regentag
Regenmenge: 249,0 mm
107-98
97-88
87-78
77-68
67-58
-57
% des Freilandniederschlages

14 E

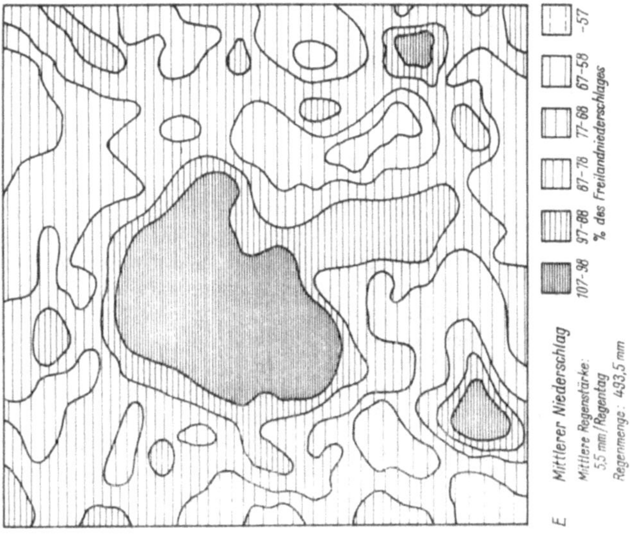
E Mittlerer Niederschlag
Mittlere Regenstärke: 5,5 mm/Regentag
Regenmenge: 493,5 mm
107-98
97-88
87-78
77-68
67-58
-57
% des Freilandniederschlages

Eine Ausnahme macht die Heidelbeere als Zwergstrauch, die gegen direktes Sonnenlicht empfindlich reagiert und deshalb auf Kahlschlägen stets zurückgeht. Besonders schattenfest sind der Sauerklee und die einen sehr geringen Lichtgenuß tolerierenden Moose. Zusammensetzung und Dichte der Kraut- und Moosschicht bestimmen das Strukturklima in Bodennähe und damit die Artenspektren der epi- und hypogäischen Faunen.

Die alljährlich von der Waldbodenflora gelieferten Förnamengen entsprechen fast der Blattmasse, die ein geschlossener Buchenbestand produziert. Aus diesem Grunde sind Bestände mit ausreichender Bodenflora fast wie gute Mischwälder zu werten. Andererseits verdunsten Waldkräuter erhebliche Wassermengen, da sie aber im allgemeinen locker stehen und in kritischen Wassermangelzeiten absterben, bedeuten sie für die Bäume keine ernsthafte Konkurrenz. Beerkräuter und Heide entziehen, von den Frühjahrsmonaten abgesehen, dem Boden in 20 bis 30 cm Tiefe 20 bis 33% Feuchtigkeit. Eine Grasdecke hält bis zur Hälfte des Niederschlages zurück und vermag bei anhaltender Trockenheit den Boden bis 1 m Tiefe auszutrocknen, während eine Moosdecke 1 bis 10 mm Niederschlagswasser speichert und die Verdunstung des Bodenwassers um 30 bis 60% herabsetzt.

Das Krautstratum wird in lichten Wäldern, in Schonungen und auf Waldwiesen von Waldgräsern gebildet. Die Gesamtheit der Grasähren bildet den oberen Horizont des Waldgrasstratums. Auf ihren Spitzen lassen sich die guten Flieger unter den Insekten für kurze Zeit nieder (Odonata, Syrphidae, Muscidae, Lepidoptera u. a.). Zwischen den Ähren hängen auch die ebenfalls heliophilen Radnetzspinnen ihre Fanggespinste auf. Andersgestaltige Lebensformtypen füllen ökologische Nischen in der Ähre selbst aus: zwischen den Hüllblätter der einzelnen Blüten leben sehr kleine und schlanke Thysanopteren und im Ährenstiel minieren die Larven von Tenthrediniden. Die Faunula des unteren Horizontes, der von den Grashalmen gebildet wird, hält sich auf den Außenflächen der Blätter und Halme auf oder miniert in ihnen. Auch in diesem Fall handelt es sich um zwei wesensverschiedene Merotope mit spezifischen Tierartenspektren. Hier herrscht der größere, langgestreckte Lebensformtyp vor (Lepidopterenlarven, Acridier, Cantharíden, Staphyliniden u. a.), welcher der Halmstruktur am besten angepaßt ist.

Den bodennahen Teil dieses Horizontes bildet das meist sehr viel dichtere Untergras mit Insekten, die z. T. weniger stark chitinisiert (z. B. Nematocera) oder aber besonders breit gebaut sind und mit ihrer Überbreite den größeren Raumwiderstand dieses Horizontes durchbrechen (z. B. große Käfer). Diesem Durchbruchstyp steht ein anderer Lebensformtyp gegenüber, der die Zwischenräume zwischen den Grasblättern stelzend überwindet und der von Opiliones repräsentiert wird. Jedes Niveau des Waldgrasstratums bietet in seinen Teilstrukturen zahlreiche ökologische Nischen oder „Planstellen", die jeweils von bestimmten Lebensformtypen ausgefüllt werden.

Außer den bisher charakterisierten, an bestimmte Strukturen der Horizonte gebundenen Tierarten gibt es horizontunspezifische Formen, deren Lebensweise und Körpergestalt ihnen einen Aufenthalt im gesamten Stratum gestatten (Neuroptera, Brachycera, Raubwanzen, räuberische Acarina, Opiliones u. a.).

In Waldgrasbestände sind auch andere Pflanzen eingesprengt, die mehr oder weniger große Horste bilden und dem gesamten Bestand Mosaikcharakter verleihen. Entspricht die Struktur der Individuen der Pflanzeninseln dem stratenbestimmenden Pflanzentyp, so bleibt der Unterschied in den Artenspektren der Faunulae gering und ihre Lebensformtypen gleichen sich weitgehend. Mosaikelemente mit abweichender Struktur bedingen in der Regel auch einen Wechsel der Lebensformtypen in den Merozönosen.

Wie im Kronenstratum der sommergrünen Laubbäume und der Lärche nach dem Aufbrechen der Knospen im Frühjahr, so entstehen in der Krautschicht mit der Ausbildung des Oberhorizontes in kürzester Zeit eine große Anzahl von Planstellen, die einen ebenso jähen Anstieg der Artenzahlen ab Anfang Juni zur Folge haben. Die zu diesem Zeitpunkt zur Verfügung stehende, täglich an Ausdehnung zunehmende Siedlungsfläche erhöht die Raumfülle und das Nahrungsangebot um ein Vielfaches, zugleich nimmt als Folge der Verdichtung des Vegetationsraumes der Raumwiderstand zu. Raumfülle und Raumwiderstand auf der einen und Arten- und Individuendichte auf der anderen Seite stehen in enger Relation; sie nehmen vom Unter- zum Oberhorizont des Krautstratums stetig ab.

Die Krautschicht der Wälder ist über die schichtenunsteten Glieder der Stratozönose eng mit der Strauch- und der Kronenschicht sowie mit der Bodenschicht verbunden. Manche Arten des Krautstratums, wie Collembolen, Weberknechte und Spinnen, gelangen aktiv bis in die Baumkronen, während umgekehrt Larven und Imagines der Insekten die oberen Straten aktiv verlassen, herabfallen oder von Starkregen auch herabgespült werden und auf der Bodenoberfläche landen, wo sie in großer Zahl Prädatoren zum Opfer fallen.

Die Waldbodenoberfläche ist in der Regel von einer dicken Schicht Bestandesabfall bedeckt, der ihr je nach Baumbestand und Jahreszeit ein wechselndes Mikrorelief aufprägt. Sie bildet einen eigenen Lebensraum mit einer hochspezifischen Tierwelt, die zugleich eine Mischfauna der beiden aneinandergrenzenden Medien, der unteren Luft- und der oberen Bodenschichten darstellt. Die Bodenoberfläche ist durch starke tages- und jahreszeitliche Amplituden ihrer ökoklimatischen Faktoren ausgezeichnet, die besonders an strahlungsreichen Tagen als Folge des relativ raschen Wanderns der isolierten Sonnenscheinflecken über den Waldboden an den Wirkungen auf die Bodenflora und -fauna in Erscheinung treten (Abb. 15).

Die am Waldboden ankommende effektive Regenmenge entspricht dem Teil des im Freiland fallenden Gesamtniederschlages, der vom Pflanzenbestand nicht zurückgehalten wird und anschließend als Sickerwasser in den Boden eindringt. Die der Bodenfauna und den Pflanzenwurzeln tatsächlich zugute kommende Niederschlagsmenge läßt sich zweckmäßigerweise als Regenstärke bezeichnen und aus der an Regentagen gefallenen Gesamtniederschlagssumme berechnen, die durch die Zahl dieser Regentage dividiert wird (Abb. 14). Bei einer mittleren Regenstärke bis zu etwa 5,5 mm/Regentag (insgesamt gefallene Regenmenge:

493,5 mm) entspricht die Verteilung in großen Zügen noch der Lichtkarte (Abb. 14 E und B), während Starkniederschläge von 7,1 mm/Regentag und mehr (Abb. 14 F) (Gesamtregenmenge: 249,0 mm) eine sehr viel intensivere Durchnässung des Bodens zur Folge haben, die vor allem durch den zusätzlichen Ast- und

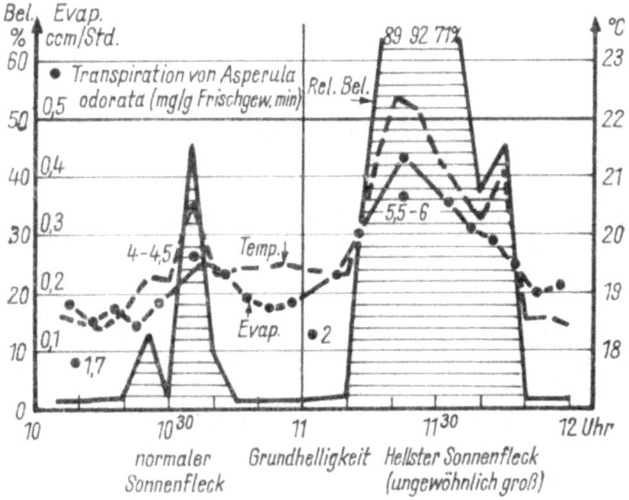

Abb. 15. Einwirkungen der Sonnenscheinfleckenbewegung am Boden eines Buchenmischwaldes auf relative Beleuchtungsstärke (schraffiert), Temperatur (gestrichelt) und Evaporation (glatte Linie) im Bereich der Krautschicht sowie auf die Transpiration von *Asperula odorata* (einzelne Starkpunkte) (Raum Zürich; nach Ellenberg)

Stammabfluß bedingt ist. Der nicht mehr nur in Form von Regentropfen auf der Bodenoberfläche ankommende Niederschlag erreicht auch in den von Altkiefern überschirmten Teilen rings um die Bestandslücke herum und in zusätzlich entstandenen Niederschlagszentren höhere Werte, die den im Freiland gemessenen entsprechen oder diese geringfügig übertreffen.

Die Kartierung der in derselben Bestandeslücke gemessenen Werte für die Evaporation (Abb. 14 D) läßt erkennen, daß diese der Bodentemperaturverteilung entsprechend in der Südbegrenzung häufiger wechselt und etwas weniger übersichtlich ist als am

Nordrand. Nord- und Südrand, aber auch Ost- und Westbegrenzung der Bestandeslücke (Abb. 14) repräsentieren ökoklimatisch deutlich unterschiedene Räume. Eine Koppelung relativ geringer Niederschläge mit niedrigeren Boden- und Lufttemperaturen beispielsweise hat geringere Verdunstung und höhere Bodenfeuchtigkeitswerte zur Folge. Die Größenordnung der als Beispiele angeführten Werte reicht aus, erfaßbare Unterschiede in der Zusammensetzung der epi- und der hypogäischen Fauna zu induzieren. Besonders deutlich tritt die ökoklimatische Sonderstellung der Bestandeslückenmitte in Erscheinung, die in mancher Beziehung fast Freilandverhältnissen entspricht.

Das Artenspektrum der epigäischen Fauna von Wäldern zeigt deutliche Abhängigkeit von deren Holzartenzusammensetzung, den Standortverhältnissen im weitesten Sinne und der geographischen Lage. Abundanz und Aktivitätsdichte der Arten unterliegen der Steuerung durch den jeweiligen Witterungsverlauf. In mittelsächsischen Fichtenaltholzbeständen zeichnen sich die Spinnen an der Bodenoberfläche durch geringe Aktivitätsschwankungen aus. Davon ist auch der Winter nicht ausgenommen, der durch die Aktivität psychoresistenter Arten gekennzeichnet ist. Die offene Fichtenkultur bevorzugen die Lycosidae, Araneidae, Drassodidae, Clubionidae und Salticidae, während einige euryöke Arten, wie die zugleich zahlreichste Spezies *Coelotes terrestris*, an allen Bodenfallenstandorten gleich stark auftritt. *Lepthyphantes tenebricola* und *Amaurobius claustrarius* bleiben auf den Altholzbestand beschränkt.

Coleopteren sind im Fichten-Epigaion mit insgesamt etwa 20 Familien vertreten. Die höchsten Familienabundanzen erreichen die Carabidae und die Staphylinidae. Beides sind Läufertypen, die Staphyliniden sind darüber hinaus durch ihre langgestreckt-biegsame Gestalt besonders gut an die Verhältnisse in der Streuschicht adaptiert. Insbesondere kleinere saprophage Arten finden hier eine offenbar schwach besetzte ökologische Nische vor. Die epigäische Hiemalgesellschaft der Fichtenforsten besteht fast ausschließlich aus kleineren Staphylinidenarten.

Carabiden haben einen großen Aktionsradius und weisen gleichzeitig feste ökologische Bindungen an das Epigaion bestimmter Biotope auf. Es gibt unter ihnen stenöke Waldtiere, die an Laub- oder Nadelwald, andere Arten, die als euryöke Formen an Kahlschläge und Lichtungen gebunden sind, aber gelegentlich auch von Waldrändern aus in die offene Landschaft vordringen. Ebenso gibt es euryöke Feldcarabiden, die auch in Grenzstreifen von Feld-

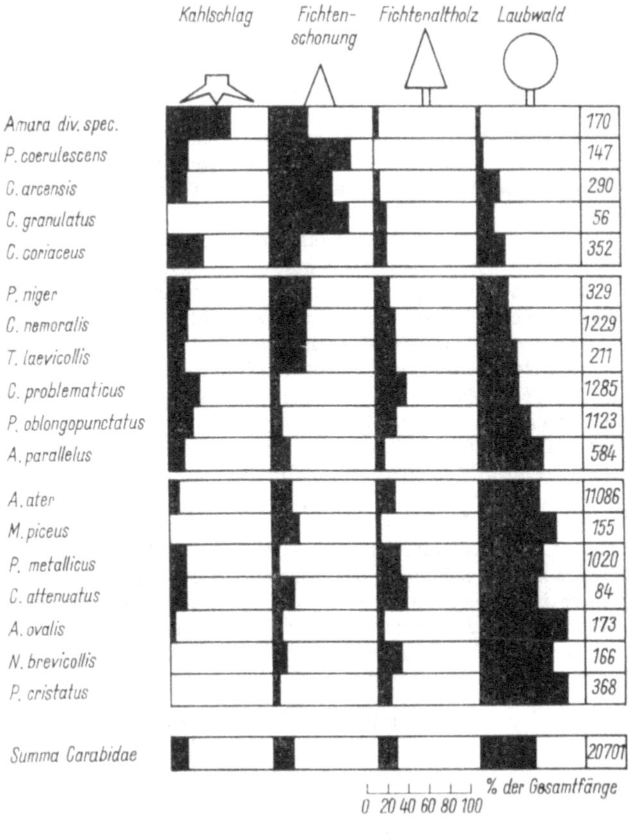

Abb. 16 Aktivitätsdichte häufiger Carabidenarten in 4 verschiedenen Waldbiotopen (Raum Sauerland; nach LAUTERBACH)

gehölzen und Wäldern gefunden werden. In jedem Falle zeigen die verschiedenen Arten experimentell bestätigte Präferenzen oder Präferenzspektra, die sich mit den im natürlichen Vorzugsbiotop nachgewiesenen Faktorenkomplexen decken. Besonders stark ist die Bindung an die Umgebungstemperatur: stenöke Waldcarabiden präferieren niedrigere, stenöke Feldarten höhere Wärmebereiche. Niedrige Temperaturpräferenz ist bei den Waldarten mit hohem Feuchtigkeitsanspruch gekoppelt, während bei euryöken Waldcarabiden bezüglich der Temperatur keine ausgesprochene Oligothermie, wohl aber eine deutliche Polystenohygrie besteht. Von 13 auf ihre Lichtansprüche geprüften Waldarten zogen 12 Dunkelheit vor; sie verhielten sich oligostenophot oder zum mindesten oligo-euryphot.

Die euryöken Waldcarabiden unterschieden sich von den stenöken Arten dadurch, daß sie sich zwar poly-stenohygr und dunkelpräferent, im übrigen aber eurytherm bis poly-eurytherm verhalten. *Carabus nemoralis* ist weniger stark an Wald gebunden und wird in Nordeuropa in der offenen Landschaft gefunden. Die Gruppe der euryöken Waldarten umfaßt Dunkelheit präferierende Carabiden, die sich aber hinsichtlich Temperatur- und Feuchtigkeitsansprüchen bereits den Feldcarabiden nähern. Stenöke Waldarten sind vor allem in Laubwäldern und dort sehr zahlreich, ihre euryöken Verwandten vorzugsweise auf Kahlschlägen und in Jungkulturen vertreten (Abb. 16). Die geringste Aktivitätsdichte zeigen die Carabiden in Nadelwäldern des Sauerlandes. In mittelsächsischen Fichtenforsten (Raum Tharandt) konnten 32 Carabidenarten, darunter 22 rezedente und subrezendente Arten nachgewiesen werden; absolut häufigste (eudominante) Art war *Carabus hortensis* (Abb. 17). Die Larven der Carabidae durchlaufen ihre Entwicklung im Waldboden. Sie reagieren meist sehr viel empfindlicher auf Schwankungen der Umweltfaktoren und bestimmen deshalb in erster Linie Konzentrationen einzelner Arten an bestimmten Orten, während die schneller beweglichen und robusteren Imagines die allgemeine Dispersion der Art im Biotop bestimmen.

Die Größe der einzelnen Bestandteile der **Streuschicht** nimmt zum Bodeninneren hin kontinuierlich ab. Zerkleinerung und Zersetzung des Bestandesabfalles erhöhen durch Bildung vieler Einzelräume die Siedlungskapazität und den Raumwiderstand des Bodens. Dadurch werden die Interferenz oder der Kollosionseffekt unter

Artgenossen und auch die Konkurrenz zwischen den Bodentierarten herabgesetzt. Je reicher die Bodenlebewelt oder das Edaphon entwickelt ist, desto mehr Humus

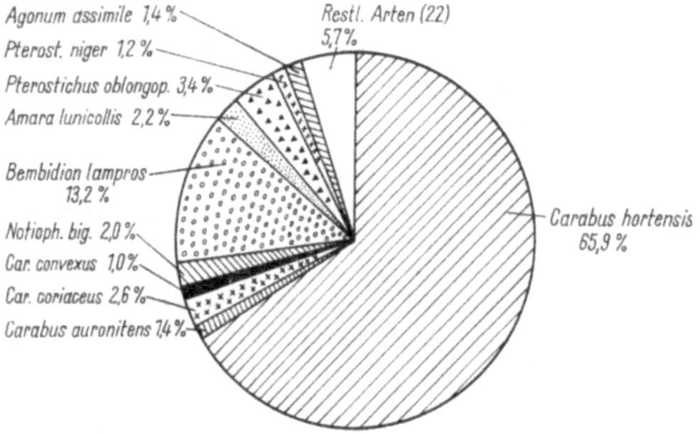

Abb. 17. Gesamtaktivität der Carabidenarten in Fichtenwäldern Mittelsachsens während des Jahres 1964 (Raum Tharandt; Original)

entsteht, der wiederum das Nährsubstrat für die Pflanzenwurzeln bildet. Die Dicke der Humusschicht des Bodens bestimmt aus diesem Grunde die Eindringtiefe der Pflanzenwurzeln.

Sumpf- und Tundrenböden haben keine Pflanzenwurzel- und Humusschicht, ihre „Bodentierwelt" ist auf das epigäische Flechten- und Moosstratum angewiesen. Die Bodenfauna der Taiga ist zwar artenreicher, aber individuenarm und bleibt im wesentlichen auf die Streuschicht beschränkt. Der Humushorizont kann hier immerhin bereits eine Stärke von 10 bis 15 cm erreichen und damit der Bodenfauna während der Sommermonate die Möglichkeit zum Verlassen der obersten Schicht geben. Auch in Steppenböden, deren Humushorizont unter günstigen klimatischen Bedingungen 1 m Tiefe und mehr erreicht, unternehmen die Bodentiere alljährlich während der Dürreperioden Abstiege in tiefere Bodenschichten. Wüstenböden fehlt demgegenüber ein Humushorizont völlig, hohe Oberflächentemperaturen des Sandes zwingen die in ihm lebenden Tiere zum Aufsuchen tieferer und kühlerer Sandschichten, die nur während der Nacht verlassen werden (vgl. Abb. 1).

Die Stufen der Zersetzung der Bodenstreu oder des Rohhumus werden einerseits von den Standortfaktoren und in Abhängigkeit von ihnen andererseits von der Zusammensetzung der Bodenfauna bestimmt. In der obersten (jüngsten) Streuschicht oder Förna, die auch als L-Horizont bezeichnet wird, reißen Collembolen und Psociden zunächst durch Fensterfraß Löcher in die äußere Blatt- oder Nadelhaut und schaffen damit Öffnungen für das Eindringen der Mikroflora in das Parenchymgewebe. An der weiteren Zerkleinerung der pflanzlichen Substanz beteiligen sich durch Loch- und Skelettfraß eine große Anzahl Arthropodenarten (Dipterenlarven, Asseln, Diplopoden, Forficuliden und größere Moosmilben), Enchyträen und Schnecken. Nun setzt eine Phase stärkster mikrobieller Zersetzungsvorgänge ein, die Vorarbeit für die Regenwürmer leistet. Sie verwandeln die bereits in Zersetzung begriffene Masse durch Vermischung mit mineralischen Bodenbestandteilen in Humuserde. Auf diese Weise wird aus Rohhumus in der Vermoderungs- oder Fermentationsschicht, auch als F-Horizont bezeichnet, eine Humusform, deren Struktur im wesentlichen durch koprogene Elemente (Arthropoden- und Wurmmull) bestimmt ist und die, solange noch einzelne Pflanzenteile in ihr erkennbar sind, als Grobmoder oder im Falle des Fehlens solcher Elemente als Feinmoder bezeichnet wird. Während wiederholter Passagen des Modermaterials durch den Darm vom Regenwurm und des Regenwurmkotes durch den Darm der Enchyträen, deren Kot wiederum von Collembolen gefressen wird, bilden sich die für den Bodenzustand bedeutungsvollen Ton-Humus-Verbindungen, so daß am Ende dieses Netzwerkes von Prozeßfolgen in der Humusstoff- oder H-Schicht ein amorpher Feinhumus vorliegt. L-, F- und H-Schicht bilden zusammen den Oberboden, auf den sich 95% der Wurzelmasse aller Gräser und Kräuter sowie die Hauptmasse der Bodentiere konzentrieren. Unter ihm folgt der aus verwitterndem Gesteinsmaterial bestehende Unterboden, dessen Humusgehalt mit der

Tiefe ab-, und dessen Krongröße in der gleichen Richtung zunimmt. Im Hohlraum- und Spaltensystem des Unterbodens, das durch von Pflanzenwurzeln und grabenden Bodentieren erzeugte vertikal und horizontal verlaufende Röhren ergänzt wird, finden sich aus dem Oberboden stammende Tiere ein. Das Liegende des Unterbodens bildet schließlich der unveränderte Rohboden (Löß, Sand, Lehm, Ton) oder das Muttergestein.

Zur Tierwelt des Bodens zählen Arten, die an dessen Oberfläche gebunden sind und deshalb epiedaphisch oder epigäisch, neben anderen, welche die obersten Bodenschichten bevorzugen und hemiedaphisch oder hypogäisch und schließlich solchen, die an tiefere Horizonte gebunden sind und euedaphisch oder endogäisch genannt werden. Unter geoxenen Arten werden beispielsweise Insekten, die lediglich im Boden überwintern oder ihre Puppenruhe verbringen, und Kröten verstanden, die sich tagsüber in den Boden eingraben.

Dem Euedaphon steht an Lebensraum etwa die Hälfte des Gesamtbodenvolumens in Form von Hohlräumen (Mikrokavernen) zur Verfügung. Die kleinsten edaphischen Organismen, welche die Wände des Hohlraumsystems überziehen, sind niedere Pflanzen (sessiles Edaphon). Flagellaten, Rhizopoden und Rotatorien sind eigentlich Wassertiere und bewegen sich im Kapillarwasser der Bodenstrukturen mit Hilfe ihrer Scheinfüße, Geißeln und Zilien fort (natantes Edaphon). Kleinste Vielzeller von Wurmgestalt und Arthropoden (einschließlich vieler Insektenlarven) sind hygrophile Landtiere und schlängeln sich zwischen den Bodenkrümeln hindurch (serpentes Edaphon). Ein letzter Lebensformtyp der Bodenfauna, die eigentlichen Bodentiere umfassend, wird von größeren Tieren mit walzenförmigem Körper repräsentiert, die sich grabend oder wühlend fortbewegen (fodentes Edaphon). Zu diesem Typ zählen außer den Enchytraeiden, Lumbriciden und Insekten auch Wirbeltiere.

Die Gesamtmasse der organischen Substanz des Waldbodens bewegt sich zwischen 2 und 3%, davon entfallen 80% auf die tote organische Substanz, etwa 10% auf lebende Pflanzenwurzeln und maximal 10% auf das Edaphon; einem Viertel Zooedaphon stehen drei Viertel Phytedaphon gegenüber. Die Existenz des Edaphons ist von den Pflanzenwurzeln abgesehen ausschließlich auf tote Substanz angewiesen, die über die Bodenoberfläche in den Boden gelangt. Ernährungsphysiologisch autarke Produzenten, wie Grün- und Blaualgen sowie Diatomeen, sind an die oberflächennächsten Bodenschichten gebunden, die noch vom Tageslicht erreicht werden. Alle anderen Bodenorganismen sind Konsumenten, die in den Boden geratene pflanzliche und tierliche Substanz verarbeiten. Den Bakterien als Reduzenten kommt die Aufgabe zu, die während mehrfacher Darmdurchgänge umgewandelten organischen in anorganische Stoffe zurückzuverwandeln und damit die für das Pflanzenwachstum notwendigen Mineralisierungsvorgänge im Boden einzuleiten.

Stärkere Konzentrationen der Bodentiere finden sich stets in den obersten Horizonten und in der Umgebung der Pflanzenwurzeln. Im Bereich der Wurzeln, in der Rhizosphäre, sind wie im Epigaion phytophage Arten mit der Zerstörung lebender Pflanzensubstanz beschäftigt. Tote organische Substanz wird von den Primärzersetzern (z. B. Diplopoden, Isopoden) verarbeitet, deren Kotballen außer Mikroben noch reichlich unverdaute organische Stoffe enthalten. Hier setzt die Tätigkeit der Sekundärzersetzer ein, deren Verdauung schließlich als Folge des stärkeren Rottegrades der Nahrung hohe Zersetzungsleistungen vollbringt. Zu dieser Gruppe zählen in erster Linie Collembolen, aber auch Dipterenlarven, in deren Darm offenbar unter Mitwirkung von Symbionten ein Abbau von Zellulose vor sich geht. Mit jeder Darmpassage nimmt die Anzahl der Bakterien im Kot zu. An der Produktion von Humus und an der Bildung der Bodengare sind die Prädatoren des Bodens, die in einigen Größenklassen und Bodenarten 3 bis 20% der Individuenzahlen ausmachen, höchstens indirekt beteiilgt.

4.2.1.2. Wiesen und Felder

Die Vegetation von Wiesen und Feldern bildet eine meist relativ dichte Schicht mit eigenem Bestandsklima und besteht, wie das Krautstratum der Wälder, aus mindestens zwei deutlich voneinander unterschiedenen Horizonten: Blüten- oder Ährenhorizont, Stengel- oder Halmhorizont und den bodennahen Blättern einschließlich eventuell vorhandener, der Bodenoberfläche aufliegender Blattrosetten.

Die Stratozönose eines Luzernebestandes umfaßt im Blütenhorizont vorwiegend phytophage, und zwar in erster Linie nektarsaugende Insekten, im Laubhorizont neben säftesaugenden vor allem blattfressende und endophytisch lebende Insekten. Saprophage Arthropoden finden sich in erster Linie am Boden, der zugleich auch Pflanzensaftsaugern und der überwiegenden Zahl der Episiten gute Existenzmöglichkeiten bietet.

Ein Vergleich der Tiergruppananteile eines Luzerne- mit dem eines Wiesenbestandes läßt im Bereich der Bodenoberfläche relativ gute Übereinstimmung erkennen (Abb. 18). Unter Luzernepflanzen überwiegen allerdings die Collembolen, am Grunde der Graspflanzen die Coleopteren. Erheblicher sind demgegenüber die Abweichungen in den Beständen selbst. Fast die Hälfte aller Wiesentiere wird von den Dipteren gestellt (43,1%), in der Luzerne übernehmen die Rhynchoten, d. h. neben Zikaden und Wanzen vor allem die Blattläuse mit 47,7% die entsprechende Planstelle im Krautstratum.

Die Aktivität der Spinnen ist auf der Bodenoberfläche beider Bestände größer als in der Krautschicht; die allgemeinen Relationen stimmen jedoch in Luzernefeldern verschiedener Landschaften gut überein: Raum Leipzig 10,7:0,6%, Raum Schleswig-Holstein 12:2%. Ausgesprochene Vertreter des Epigaions sind die Lycosiden *Pardosa pullata* und *Trochosa ruricola*, während die Araneiden, von einigen Ausnahmen abgesehen, stärker an die Krautschicht gebunden sind. Von den Tetragnathiden kommt die dominante Art *Pachygnatha degeeri* vom Boden bis in den Blütenhorizont der Luzernepflanzen vor, während manche Thomisiden, unter ihnen vor allem *Xysticus*, eindeutig den Krauthorizont präferieren. In den Bodenfallen aller Kulturen überwiegen die Spinnenmännchen, in der Pflanzenschicht herrscht dagegen ein ausgeglichenes Geschlechterverhältnis. Männliche Spinnen zeigen am Boden eine stärkere Aktivität. Regelmäßig bis dominant in Feldkulturen auftretetende Spinnenarten, wie *Oedothorax* (*Stylothorax*) *apicutus*, *Erigone dentipalpis*, *E. atra*, *Pachygnatha degeeri*, *P. clercki* u. a., zählen zu den „Luftseglern", die sich gegen Ende der Vegetations-

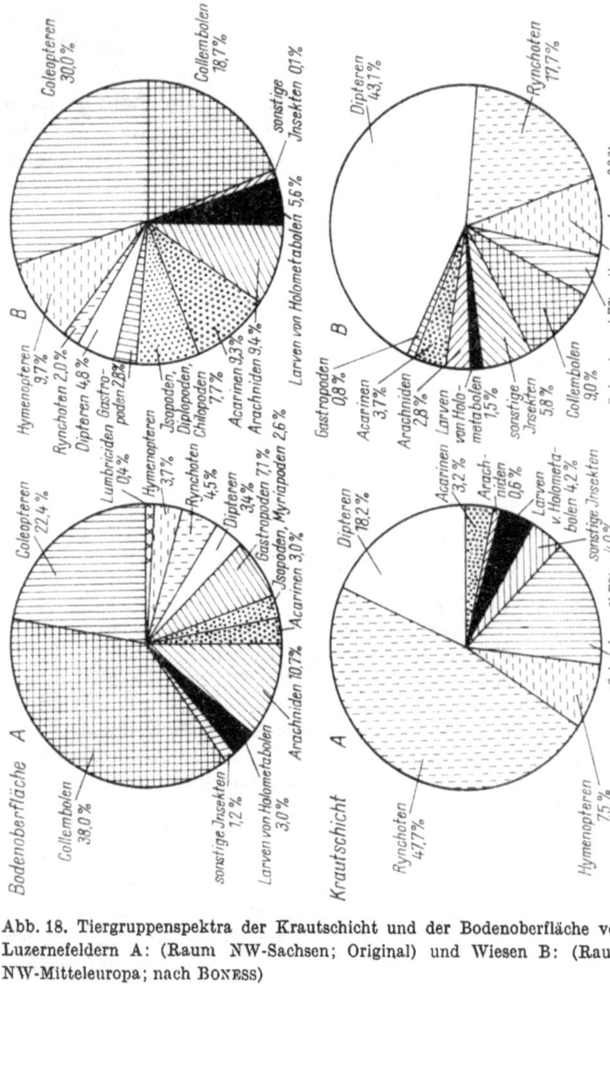

Abb. 18. Tiergruppenspektra der Krautschicht und der Bodenoberfläche von Luzernefeldern A: (Raum NW-Sachsen; Original) und Wiesen B: (Raum NW-Mitteleuropa; nach BONESS)

zeit bei heiterem Wetter am Ende eines in die Luft geschossenen Spinnfadenbündel vom Wind wegtragen lassen. Der eudominante Weberknecht (Opiliones) *Phalangium opilio* ist im nordwestsächsischen Raum eindeutig agrobiont und holeurychron, während die übrigen Phalangiiden-Arten (*Liobunum blackwalli, Platybunus triangularis, Opilio parietinus*) stenochrone Vertreter der Agrofauna des genannten Gebietes sind.

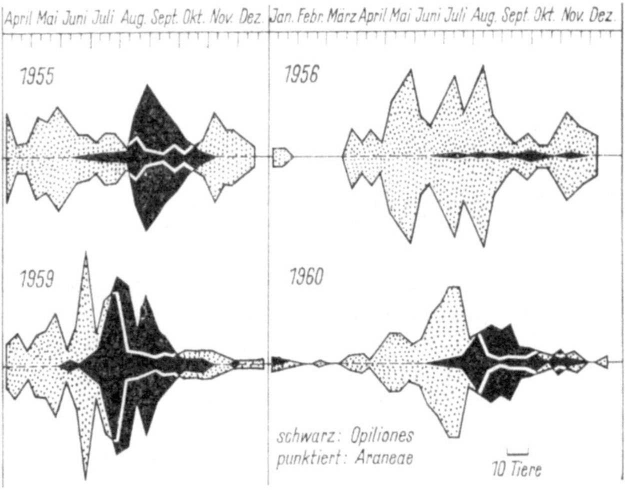

Abb. 19. Aktivitätsdichten sämtlicher 1955/56 und 1959/60 in Luzernebodenfallen vorgefundenen Spinnen und Weberknechte (Raum Leipzig; Original)

Die vier Jahre umfassende graphische Darstellung der Aktivitätsdichte von Spinnen und Weberknechten am Boden eines Luzernebestandes im Raum Leipzig zeigt, daß „Spinnenjahre", wie das niederschlagsreiche Jahr 1956, keine „Weberknechtjahre" sind und umgekehrt. Das Dürrejahr 1959 begünstigte die Entwicklung der Phalangiidenpopulationen entscheidend (Abb. 19). Aus den Diagrammen, die in gewissem Umfang zugleich Ausdruck für die Oszillationen innerhalb der Spinnen- und Weberknechtpopulationen sind, läßt sich der unterschiedliche Gesamtwitterungscharakter der beiden Jahre 1955 und 1956 mit seinem Einfluß auf das Ökoklima des Luzernebestandes ableiten.

Jeder Feld- und Wiesenpflanzenbestand hat sein spezifisches, vertikal strukturiertes Bestandsklima mit vom Witterungsverlauf bestimmten Tagesgängen der einzelnen meteorologischen Elemente. Nach der Mahd gleichen beide vorübergehend einem fast pflanzenfreien Standort, dessen Oberflächenklima durch die Stengelstoppel nur geringfügig beeinflußt wird. Mit dem bald einsetzenden erneuten Wachstum der Pflanzen bzw. dem Aufkommen der Futtereinsaat auf abgeernteten Halmfruchtfeldern ändern sich die extrem-xerothermen Verhältnisse relativ schnell und bei einer Bestandeshöhe von etwa 20 cm ist die austauschaktive Oberfläche vom Erdboden bereits wieder in die Krautschicht angehoben.

Am Boden jedes in voller Entwicklung stehenden Pflanzenbestandes enthält die Luft während der Mittagsstunden relativ viel, in etwa halber Bestandeshöhe am wenigsten Luftfeuchtigkeit. Der Einfluß des Windes nimmt im Bestand von oben nach unten ab. Bei einer Geschwindigkeit von 4 m/s in 1 m Höhe über dem Erdboden wird in der halben Höhe eines in Vollblüte stehenden Luzerneschlages noch 0,8 m/s gemessen, während am Boden zwischen den Luzernestengeln Windstille herrscht.

Einjährige Feldpflanzenkulturen entbehren einer Streuschicht, ihre Bodenoberfläche hat ein Mikrorelief, das durch die in gleichmäßigen Abständen vorhandenen Drill- oder Häufelreihen bestimmt wird. Die zwischen den Pflanzenreihen liegenden Gassen vermindern in den durch sie vorgegebenen Richtungen den Raumwiderstand und erhöhen deren Passierbarkeit, die insbesondere den Läufertypen zugute kommt. Ein Individuum der Art *Carabus auratus* L. legt (bei 22 °C Lufttemperatur) auf der vollständig glatten Oberfläche eines Feldweges in der Minute zwischen 6 und 8 m zurück. Seine Laufleistung sinkt in einem mitteldichten Winterroggenbestand auf 1,8 m pro Minute ab und würde im dichten Grasbestand einer Wiese mit erheblich größerem Raumwiderstand weiter auf Bruchteile eines Meters abnehmen, wenn die genannte Art zum Durchqueren eines solchen Bestandes gezwungen wäre.

Ein mehrjähriges, reichlich Gras und Unkräuter aufweisendes Luzernefeld kann hinsichtlich seines Raumwiderstandes einer Wiese gleichgestellt werden. Dies kommt am klarsten in den Größenordnungen der epigäischen Arthropodenfauna zum Ausdruck: Es dominieren Arten mit weniger als 1 bis 4 mm Körperlänge, nur manche phytophage Arten sind länger als 16 mm.

Ein frisch gepflügtes Feld stellt für kleine Laufkäfer und die gesamte nichtflugfähige Oberflächenfauna ein völlig unwegsames und unübersichtliches Gelände dar, das in der menschlichen Größenordnung etwa einem tief und unregelmäßig zertalten Gebirgsmassiv gleichzustellen ist. Die für seine Überwindung aufzubringende Energie steht in keinem Verhältnis zu der sehr gering einzuschätzenden Möglichkeit, auf der dabei überlaufenen Fläche ausreichende Beute oder Nahrung zu finden. Während *Carabus auratus* auf glatter Fläche in 24 Stunden etwa 10 m² nach Nahrung absuchen kann, schafft er auf einer geeggten Ackerflur bei demselben Aufwand an Energie höchstens 3,5 m², in einem Winterroggenbestand etwa 2,5 m² und in Grasland etwa 0,8 m² pro Tag.

Die Carabiden der Felder gehören mit wenigen Ausnahmen (z. B. der Gattungen *Clivina* und *Dyschirius*) dem durch die in Drillreihen angeordneten Feldpflanzenstengel weniger behinderten Lebensformtyp der Läufer an. Die meisten Arten sind nachtaktiv, präferieren Temperaturen zwischen 15 und 25 °C und überwintern als Larven (Larvenüberwinterer oder Herbstarten; Abb. 20 C). Für am Tage aktive Arten liegen die Temperaturpräferenda zwischen 25 und 35 °C; ihre Entwicklungszeit fällt in die warmen Monate und ist vor Beginn der Frostperiode abgeschlossen. Sie überwintern als Imagines, die im folgenden Frühjahr die nächste Generation gründen (Imagoüberwinterer oder Frühlingsarten; Abb. 20 A).

Die auf der Bodenoberfläche von Feldern herrschenden kleinklimatischen Verhältnisse werden weitgehend von der Pflanzenart, deren Entwicklungszustand und Erntetermin bestimmt, so daß die

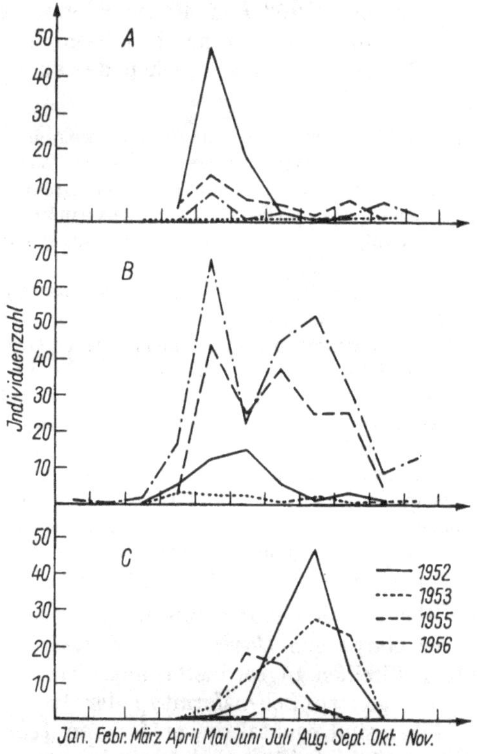

Abb. 20 Aktivitätsdichte von drei Feldcarabidenarten während der Jahre 1952/53 und 1955/56 (Raum Leipzig, Original).
A – *Pterostichus cupreus* L., Frühjahrsart und Imagoüberwinterer, B – *Bembidion lampros* Hbst., Frühlingsart mit Herbstbestand, C – *Harpalus pubescens* Muell., Herbstart und Larvenüberwinterer

Maxima der Carabiden-Aktivität in den verschiedenen Kulturen im Verlaufe der Vegetationszeit örtliche Verlagerungen erfahren. In den Winterhalmfrüchten fällt das Aktivitätsmaximum mit der Phase des Ährenschiebens zusammen, im Hafer- und in Futterrübenschlägen liegt es im Juni und in Kartoffelfeldern tritt es nach der Räumung der Sommerfruchtfelder und nach Eintritt des Laubschlusses der Kartoffelpflanzen im August ein. Die Arten präferieren ihrem Entwicklungsmodus entsprechend bestimmte Pflanzenarten. Die in Nordwestsachsen subdominant bis dominant auftretende Frühlungsart *Agonum dorsale* hat in Halmfrüchten, die dominante Herbstart *Calathus ambiguus* in Hackfrüchten höhere Aktivitätsdichten, während die eurytope und indifferente Art *Harpalus aeneus* keine derartigen Bindungen erkennen läßt und in sämtlichen Kulturen in fast gleichbleibenden Anteilen vorkommt (Abb. 21).

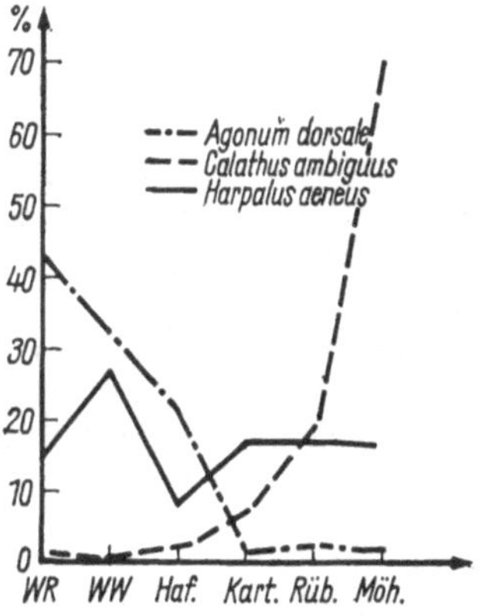

Abb. 21. Abundanz-Anteile von 3 Carabidenarten in verschiedenen Feldkulturen (Raum Leipzig; Original).
WR – Winterroggen, WW – Winterweizen, Haf. – Hafer, Kart. – Kartoffeln, Rüb. – Futterrüben, Möh. – Möhren

Die mikroklimatischen Präferenzbereiche sind artlich fixiert. Dieselben Carabidenarten präferieren deshalb im atlantischen Klimabereich wärmere und trockenere Biotope, während sie unter kontinentalem Einfluß, also beispielsweise in Steppengebieten, kühlere und feuchtere Orte vorziehen. Eine solche relative Biotopbindung zeigt sich bei Carabidenarten, die in den Feldern der Ungarischen Tiefebene sehr häufig, in der Tschechoslowakei wie im mitteldeutschen Niederschlagsmangelgebiet noch regelmäßig in Anzahl auftreten, sie fehlen auf den Äckern Schleswig-Holsteins oder kommen dort nur in geringer Anzahl auf warmen Sandflächen vor. Umgekehrt ziehen sich manche im atlantischen Klimabereich der Nordseeküsten auf Feldern vorkommende Carabidenarten in südöstlicher Richtung von diesen zurück, bevorzugen feuchtere Biotope und Wälder. Das entsprechende Gefälle zeigt auch die Aktivitätsdauer der Carabidae und Staphylinidae während des Jahres.

Nordwestsachsen gehört mit einer Jahresmitteltemperatur von 8,9 °C und einer mittleren Jahresniederschlagsmenge von 550 mm zum mitteldeutschen Trockengebiet, während die Westküste von Schleswig-Holstein eine Jahresmitteltemperatur von 8,1 °C und eine mittlere Jahresniederschlagssumme von 660 mm aufweist. Holeurychrone Carabiden- und Staphylinidenarten sind typisch für den maritimen, oligoeurychrone für den kontinentalen Raum. 36 der insgesamt 56 auf nordwestsächsischen Feldern vorkommenden, maximal 6 Monate aktiven Carabidenarten kommen im Koog nicht vor. Aktivitätspausen während einiger Hochsommerwochen, wie sie wahrscheinlich für Carabiden und Staphyliniden im gesamten kontinentalen Klimabereich obligatorisch sind, lassen sich an der Nordseeküste nicht nachweisen (Abb. 22).

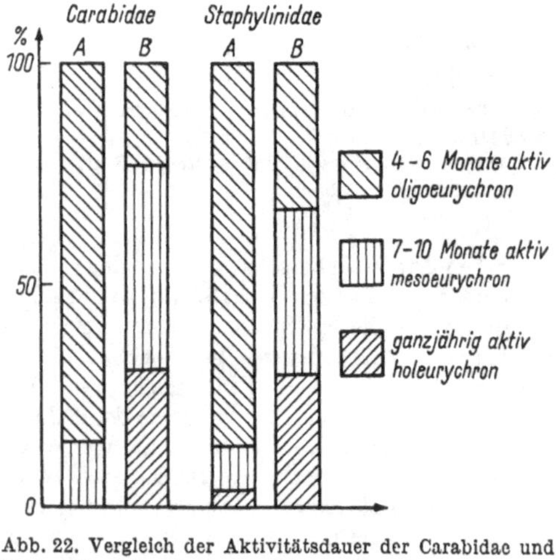

Abb. 22. Vergleich der Aktivitätsdauer der Carabidae und Staphylinidae auf Feldern des Leipziger Raumes (A) und eines Kooges an der Westküste Schleswig-Holsteins (B). (Nach Angaben von HEYDEMANN; Original.)

Der Aktionsradius von Carabiden-Imagines ist durch deren Markierung, Freilassung und Wiederfang ermittelt worden. *Pterostichus*-Individuen liefen pro Tag etwa 15 Meter, wobei zu berücksichtigen ist, daß sie sich keinesfalls nur vorwärts und ausschließlich geradlinig fortbewegen. Andererseits bietet die angewendete Methode die Möglichkeit zur Ermittlung der Individuenzahl einer Art pro Flächeneinheit. Für Böhmen ergab sich eine Dichte von 2000 *Pterostichus cupreus* L. und für Felder im Raum München eine solche von 30000 *Carabus granulatus* L. und *C. cancellatus* Illig. pro Hektar.

Diese Zahlen, die sicher nicht uneingeschränkt akzeptiert werden und nur eine ungefähre Vorstellung von der Individuendichte vermitteln können, sind andererseits für die Beurteilung der meist carnivoren Carabiden als Regulatoren in den Biozönosen von Bedeutung. Im Kropf von *Calathus fuscipes* Gze. und *Pterostichus lepidus* Leske fanden sich ausschließlich Reste von Blattläusen, Ameisen und Erdraupen. Andere Arten hatten neben 10 bis 25% pflanzlicher Substanz auch Spinnen, Zikaden und Cantharidenlarven gefressen. Nahe verwandte Arten unterschieden sich in der Nahrungsauswahl beträchtlich: *Harpalus pubescens* Muell. hatte zu gleichen Teilen Tier- (Ameisen, Blattläuse) und Pflanzenkost aufgenommen, *H. aeneus* F. ausschließlich pflanzliche Reste im Kropf. Die Gattungen *Amara* und *Zabrus* sind ohnehin fast ausnahmslos Vegetarier. Die Nahrung der überwiegend endogäisch lebenden Carabidenlarven ist kaum bekannt, dürfte aber im ganzen derjenigen der Imagines entsprechen. Die Angehörigen der carnivoren Gattungen *Carabus*, *Cychrus*, *Brachynus* und *Calosoma* erbrechen Verdauungssaft und verdauen außerhalb des Darmes (extraintestinal), ihr Kropf enthält deshalb keine festen Bestandteile.

Während nur wenige Arten der Feldcarabiden voll flugfähig sind, wie z. B. die Mehrzahl der *Amara*- und *Bembidion*-Arten ferner *Lorocera pilicornis* F. und *Harpalus aeneus* F., andere Arten zwar noch Hinterflügel, aber keine leistungsfähige Flugmuskulatur mehr besitzen, sind die meisten, insbesondere die kleineren Arten der Staphyliniden zu aktivem Fluge befähigt. Hinsichtlich der Umweltansprüche und Lebensweise stimmen die Feldstaphyliniden mit den Carabiden weitgehend überein, sind aber entschieden stärker psychroresistent. Unter den auf Luzernefeldern in Nordwestsachsen festgestellten 160 Arten dominieren drei carnivore über sämtliche anderen Arten: *Philonthus fuscipennis*, *Ph. varius* und *Xantholinus linearis*. Die zuerst genannte Art steht auch in den Feldern Schleswig-Holsteins an der Spitze der Dominanzreihe.

In Dauergrünland und Naturwiesen herrscht ein optimaler Strukturzustand, der nur durch anhaltende Dürre oder Überschwemmung beeinflußt wird. Die durch die Mahd bedingten Veränderungen im epigäischen Horizont wirken sich im Boden regelmäßig genutzter Wiesen (Mahdwiesen) lediglich in den obersten Schichten und dort auch nur bis zum erneuten Austreiben der dichten Pflanzendecke aus. Demgegenüber ist Ackerboden nach jeder Ernte durch Umbruch und Einsaat der Folgefrucht sowie zusätzliche Bodenbearbeitungsmaßnahmen tiefgreifenden strukturellen Veränderungen unterworfen, die keine Streudecke aufkommen lassen und die vegetationsfreie Oberfläche unter Umständen mehrere Monate lang dem unmittelbaren Einfluß der Witterung aussetzen.

An Nahrung bietet Wiesenboden lebende und sich zersetzende organische Substanz in reicher Menge. Auf der einen Seite sind es vor allem die ein dichtes Netz bildenden Pflanzenwurzeln, das zugleich dem von Bodentieren am dichtesten besiedelten Horizont entspricht (Abb. 23) und das reiche Beutetierangebot für die Episiten; andererseits stellen verrottende Pflanzenwurzeln und tote Tiere samt ihren Exkrementen und Exuvien sowie ungeheure Mengen an Mikroorganismen ein reiches Reservoir für sapro- und mikrophage Arten dar. Die Abundanzen der Wiesenbodentiere sind jahreszeitlichen Schwankungen unterworfen, die vor allem von Unterschieden des Bodenfeuchtigkeitsgehaltes gesteuert werden. Abundanzmaxima werden im Frühling und im Herbst erreicht, Sommer und Winter sind durch niedrige Abundanzzahlen charakterisiert. Wiesenböden, insbesondere feuchte Talwiesen sind stets dichter besiedelt als Ackerböden.

Die Tätigkeit der endogäischen Tierwelt dient vor

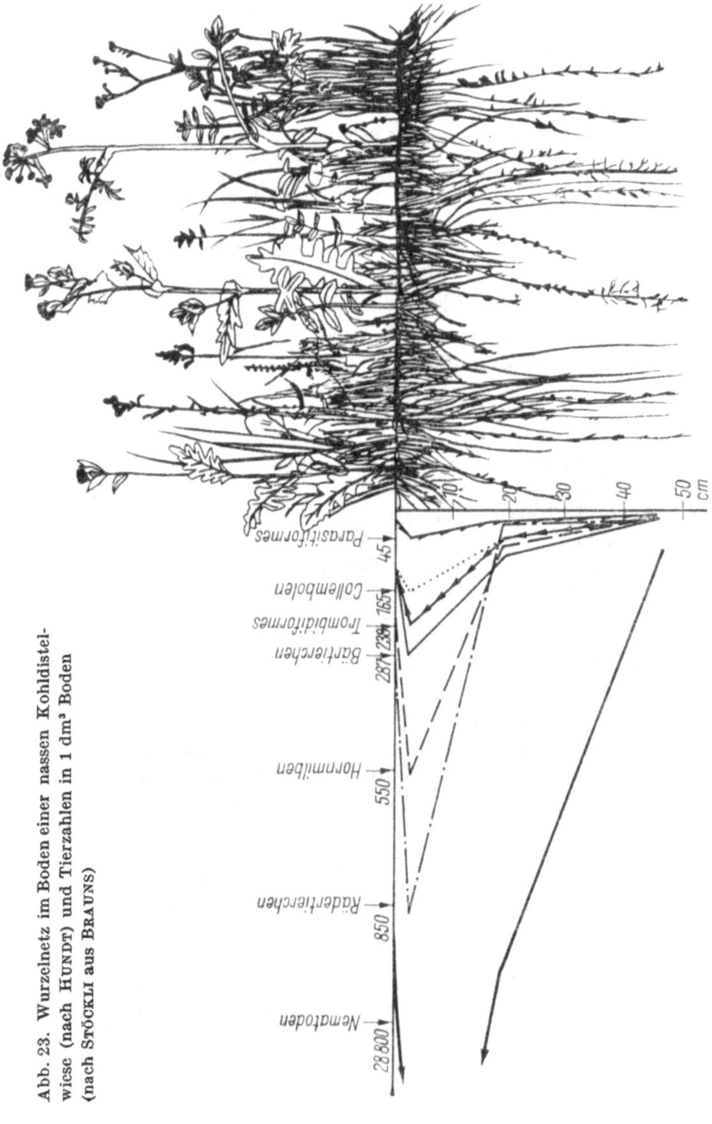

Abb. 23. Wurzelnetz im Boden einer nassen Kohldistelwiese (nach HUNDT) und Tierzahlen in 1 dm³ Boden (nach STÖCKLI aus BRAUNS)

allem der Auflockerung des Bodens. Die von ihr jährlich umgelagerte und zerkrümelte Bodenmenge wird auf 5 bis 6 kg/m² geschätzt. Wenn die im Boden vorhandenen Kleintiere in jedem Jahr das Tausendfache ihrer Körperlänge zurücklegten, ergäbe das ein inneres Hohlraumsystem von etwa 600 m² Oberfläche.

Dieser auflockernden Tätigkeit der Mesofauna wirkt das Festtreten des Bodens durch die Weidetiere entgegen. Mit den Bodenporen nehmen auch sämtliche Kleinarthropoden, z. B. Milben und Collembolen an Zahl ab; der Boden erfährt eine unerwünschte Verdichtung, wie sie auf Äckern durch das Gewicht der Bearbeitungsmaschinen und -geräte eintritt.

Ackerböden verdichten sich relativ bald nach dem Umbruch. Dabei nehmen Porenvolumen und Luftgehalt ab, das Niederschlagswasser dringt mit Verzögerung ein, und das Wasserspeichervermögen ist herabgesetzt. An der Bodenoberfläche nimmt die Wasserverdunstungsrate als Folge erhöhter Kapillarität zu. Die Maßnahmen der Bodenbearbeitung verbessern die Struktur des Bodens nur für beschränkte Zeit und werden dehsalb in von der Fruchtfolge bestimmten Abständen wiederholt. Sommerliche Starkniederschläge und damit verbundene Mikroerosion der Ackerbodenoberfläche verstärken die Verdichtung im Boden. Vom Pflügen bis zur Ernte büßt ein Sandboden auf diese Weise reichlich 10% des Porenvolumens ein, und seine Mikrofauna erfährt eine Einschränkung ihres Lebensraumes um 1/10. Sie ist auf Kleinsthöhlen oder Mikrokavernen, die luft- oder wassergefüllt sind, angewiesen. Die Hohlraumkapazität des Bodens stellt für nicht aktiv grabende Bodentiere einen limitierenden Faktor dar.

Die im Boden enthaltene Luft ist stark wasserdampfgesättigt (> 90% relative Luftfeuchtigkeit) und weist stets einen höheren CO_2-Gehalt als die atmosphärische Luft auf. Für größere Bodentiefen wird ein CO_2-Gehalt bis zu 8% un ein entsprechend niedriger O_2-Gehalt angegeben. Durch Verdunstung von Bodenwasser im epigäischen Bereich wird der atmosphärischen Luft ein Eindringen in den Boden ermöglicht. Einsickerndes Niederschlagswasser bildet einen sauerstoffreichen Wasserstrom, der dem Sauerstoffschwund im Boden entgegenwirkt. Der tägliche Gang der Temperatur wirkt sich nur in den oberflächennächsten Bodenschichten aus, in mittleren Schichten des Oberbodens bleibt die Temperaturamplitude gering, so daß ihr Klima insgesamt als recht ausgeglichen bezeichnet werden kann.

Im allgemeine präferieren Bodentiere eine leichte Akalinität der Böden. Der pH-Wert scheint nur in Ausnahmefällen und für bestimmte Bodentiergruppen (z. B. für die in der Rhizosphäre der Pflanzen lebenden) eine begrenzende Rolle zu spielen.

Beim Pflügen wird die obere Bodenschicht in 5 bis 10 (Schälfurche), 10 bis 25 (Saatfurche) oder bis 30 cm Tiefe (Tieffurche) gelockert, gemischt und gewendet. Für die Existenz der Bodenorganismen kommt dem Anschluß der umgepflügten Schicht an den unveränderten Untergrund große Bedeutung zu. Hat sich in einer bestimmten Tiefenlage durch jahrelanges Pflügen mit derselben Bearbeitungstiefe eine verdichtete und als Pflugsohle bezeichnete Bodenschicht gebildet, so leistet diese einmal dem Eindringen der Pflanzenwurzeln in größere Bodentiefe Widerstand, verhindert aber andererseits auch den notwendigen Austausch von Luft und Wasser sowie eine Auf- oder Abwärtsbewegung der Bodentiere. Solange Wurzel- und Regenwurmröhren in ausreichender Zahl aus der oben aufliegenden Bodenkrume in den Unterboden hineinreichen, ist eine Erschließung des Unterbodens durch die Bodenorganismen, die sich in erster Linie der Wurzelkanäle bedienen, gewährleistet. Die Rhizosphären der Kulturpflanzen und der Feldunkräuter bilden die bevorzugten Habitate der Bodenprotozoen, die in erster Linie von Bakterien und Bodenpilzen leben, nur etwa 10% der Arten ernähren sich omnivor und räuberisch.

Die Auswirkungen des Frühjahrsumbruches auf die Populationsdynamik der Bodentierwelt gleichen sich im allgemeinen rascher aus als ihr Rückgang nach dem Umbruch im Herbst. Am stärksten werden durch die Bodenbearbeitungsmaßnahmen solche Tierarten betroffen, die wie Oribatiden, Insektenlarven und Käfer an das Vorhandensein eines dichten Wurzelfilzes gebunden sind. Die eingetretenen Populationsdepressionen werden nur zum Teil durch die mit den Aufkommen des Bestandes verbundenen optimalen Bedingungen ausgeglichen.

Besonders zahlreich sind die Nematoden im Boden vertreten. Neben episitisch lebenden, die Vertreter der Mikrobodenfauna bis Collembolengröße erbeuten, stehen saprobionte und phytophage Arten. Unter der zuletzt genannten Gruppe finden sich Arten, die bei durch unzureichenden Fruchtwechsel ausgelöste Massenvermehrungen erhebliche Ertragsminderungen („Bodenmüdigkeit") herbeiführen. Die bodenbiologische Bedeutung der großen Zahl freilebender Bodennematoden besteht weniger im Abbau organischer Substanz als darin, daß sie wichtige Stickstofflieferanten darstellen (vgl. Abb. 23).

Milben und Collembolen sind bevorzugte Beuteobjekte der Carabiden- und Staphylinidenlarven, der Spinnen und Opilioniden sowie der Chilopoden; ihre relative Kleinheit wird durch hohe Individuendichte und ihr zartes Integument ausgeglichen. Im allgemeinen ist das Beutetier kleiner als der Räuber. Episiten mit einem Körpervolumen von weniger als 3 mm^3 überwältigen aber auch Beute, deren Umfang ein Mehrfaches des eigenen Volumens ausmacht. Von diesem Grenzwert ab kehrt sich bei Arthropoden offenbar die Räuber-Beutetier-Volumenrelation um. Viele carnivore Insekten sind als Larven und Imagines im Endo- wie im Epigaion etwa zu gleichen Anteilen vertreten.

Enchytraeiden sind im Ackerboden vertikal bis etwa zur Pflugsohle gleichmäßiger verteilt als in Wiesenboden, in dem sie sich auf den oberen Horizont bis 10 cm Tiefe konzentrieren. Da sie gegen Austrocknung besonders empfindlich sind, zeigen ihre Populationen meist eine ausgesprochene Sommerdepression und ihre Horizontaldispersion dem unterschiedlichen Feuchtigkeitsgehalt des Bodens entsprechend unterschiedliche Besiedlungsdichte.

Die im Vergleich zu Wald- und Wiesenböden niedrigeren Regenwurmbesatzdichten der Felder gehen zu Lasten der den Feldern fehlenden Streuschicht, des zwischen der Ernte und dem Aufkommen der neuen Saat herrschenden Bodenklimas mit großen Amplituden der Temperaturen und des Feuchtigkeitsgehaltes sowie der Bodenbearbeitungsmaßnahmen. Beim Pflügen werden viele Regenwürmer zerschnitten oder durch die Bodenfräse mehrfach zerstückelt. Im allgemeinen regenerieren nur die Körpervorderenden der Lumbriciden, insoweit die Genitalregion erhalten geblieben ist.

4.2.1.3. Binnengewässer

Die Binnengewässer machen etwa 2% der Festlandfläche aus, gelten jedoch wegen ihrer eindeutigen Lebensraumgrenzen seit langem als bevorzugte Forschungsobjekte der Ökologie. Der Tierwelt der Binnengewässer fehlen eine Reihe großer, für die Ozeane typischer Systemeinheiten, dafür sind einige Ordnungen, wie die Ephemeriden und Plecopteren, auf Süßwasser beschränkt, und der Anteil sekundärer Wassertiere ist im Gegensatz zum Meer relativ hoch: Lungenschnecken, Milben und Insekten aller Stadien.

Seen haben, von den Phasen der Vollzirkulation abgesehen (Abb. 4), eine klare Gliederung aufzuweisen: Freiwasserregion oder Pelagial und Bodenschicht oder Benthal. Das Benthal reicht von der Uferregion oder dem Litoral bis zum ziemlich lichtarmen Tiefenbereich, dem Profundal, dessen Struktur von den Sinkstoffen des Pelagials und dem geologischen Untergrund bestimmt wird (Abb. 24).

Die Breite des Litorals wird von der Morphologie des Seenbeckens und der Lichtdurchlässigkeit des Wassers bestimmt. Oligotrophe Alpenseen haben einen bis 30 Meter breiten, im nördlichen Mitteleuropa gelegene eutrophe

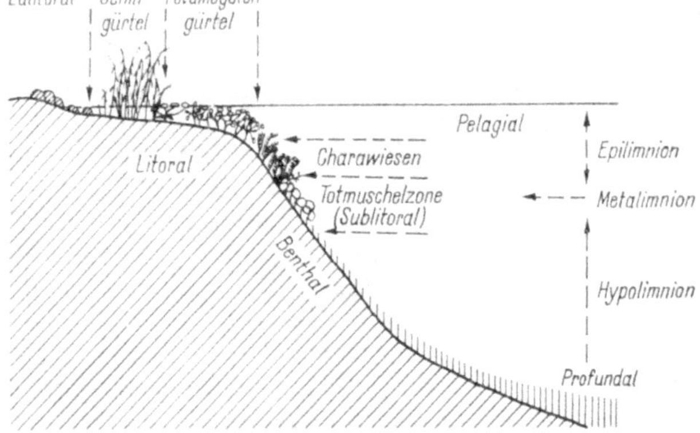

Abb. 24. Horizontierung in einem Süßwassersee (Original)

Seen in der Regel einen nur wenige Meter breiten Uferstreifen. Die rasche Anpassung seines Flachwasserbereiches bedingt größere tägliche und jahreszeitliche Temperaturamplituden und die beständige Bewegung des ufernahen Wassers zusammen mit der regen Assimilation der Unterwasserpflanzenbestände einen relativ hohen Sauerstoffgehalt. Die auf schwach abfallenden Uferbänken am weitesten außen stehenden Pflanzengürtel sind meist Zonen mit geringer Wasserbewegung. Diesen lenitischen Bereichen stehen die Brandungszonen mit fast pflanzenfreiem Untergrund gegenüber, die als lotische Bereiche bezeichnet werden. In den submersen Pflanzenbeständen, dem Phytal, findet die Fauna ein reiches Angebot an Nahrung und Siedlungsfläche, die beide sekundär durch Algenaufwuchs (Periphyton) noch vergrößert sein können. Die Pflanzen der unterseeischen Wiesen sind stärker von Tieren besiedelt als Pflanzen mit Schwimmblättern. Die meisten Arten der Litoralfauna führen tagesperiodische Vertikalwanderungen aus, die sie abends zur Wasseroberfläche und morgens zum Boden zurückbringen. Krebstiere bevorzugen *Myriophyllum*bestände, deren Faunula der von *Ceratophyllum*rasen am ähnlichsten ist. Da die Pflanzen der Schilf- und Binsengürtel sowie der *Potamegoton*zone während des Winters absterben, überwintern die Tiere des Litorals in anderen Habitaten. Dem limnischen Litoral fehlen vor allem die sessilen Arten, sein Bild wird in erster Linie von ephemeren Insektenlarven bestimmt.

Seen-, Teich- und auch Flußufer weisen oberhalb der Wasserlinie einen Feuchtsandhorizont, das Limnopsammal auf, das sowohl an seiner Oberfläche als auch in den wassergefüllten Räumen zwischen den Sand- und Kiespartikeln eine spezifische Tiergemeinschaft, das Psammon beherbergt. Die Fauna des Lückensystems setzt sich aus Protozoen (Ciliaten), Turbellarien, Rotatorien, Nematoden, Tardigraden, Gastrotrichen, Harpacticiden und Milben zusammen, die vor allem dem freien Wasser oder dem Grundwasser entstammen.

Ein entsprechendes Lückensystem mit einer ebenfalls spezifischen Tierwelt, die sich aus Vertretern des Meeres und des Süßwassers (vor allem Nematoden und Copepoden) zusammensetzt, findet sich an sandigen Meeresküsten. Es handelt sich um kleine und gestreckte Lebensformtypen, die oft besondere Haftpapillen oder -röhren tragen und sich durch Wimperkriechen und Stemmschlängeln fortbewegen (vgl. Abb. 26).

In oligotrophen Seen überwiegt das Volumen der tropholytischen Schicht; das abgestorbene Plankton wird während des Absinkens aus der trophogenen Schicht bereits mineralisiert und gelangt kaum bis zum Profundal, das deshalb als nährstoffarm und sauerstoffreich zu bezeichnen ist und ein breites Artenspektrum polystenoxybionter Tiere aufweist. Die geringere Dicke der tropholytischen Wasserschicht in eutrophen Seen führt im Zusammenwirken mit dem reichlich am Seenboden ankommenden toten Plankton einschließlich der dem Uferbereich entstammenden Detritusmassen zur Entstehung einer Faulschlammschicht oder Gyttja. Die großen Mengen noch unzersetzter organischer Stoffe mindern den Sauerstoffgehalt und bieten einer nur kleinen Gruppe euryoxybionter Tierarten (z. B. bestimmten *Tubifex*-Arten, *Chironomus*- und *Chaoborus*-Larven) Existenzmöglichkeiten. Der Sauerstoffschwund kann in dimiktischen Seen des eutrophen Typs nur während der beiden Vollzirkulationsphasen im Frühjahr und Herbst ausgeglichen werden (Abb. 4). Aus diesem Grunde steigen die Larven mancher Chironomidenarten noch vor dem Ende der Stagnationsperiode ins Pelagial auf. Andere Arten bleiben im Profundal und decken ihren Sauerstoffgehalt durch Endoxybiose (tropische Arten) oder durch Diffusionsoxybiose (gemäßigte Breiten). Viele Arten des Profundals mitteleuropäischer Seen, insbesondere auch die des dystrophen Typs (Torfschlammseen) sind in der Lage, auch im Benthal zu leben.

Die Freiwasserregion oder das Pelagial ist der Lebensraum für das Seenekton und -plankton. Im Gegensatz zum Meernekton ist die Fischfauna des Süßwassers artenarm. Das Zooplankton der Binnenseen zeichnet sich ebenfalls durch Artenarmut aus. Es besteht aus Protozoen (vor allem Rhizopoden und Ciliaten), Rotatorien, Entomostraken (Copepoden und Cladoceren) und einigen wenigen sekundären Wassertieren, wie Büschelmücken der Gattung *Chaoborus* und Wassermilben (Gattung *Atax*), deren nächste Verwandte in größerer Artenzahl vor allem im Phytal vorkommen.

Das Zooplankton konzentriert sich im Pelagial auf bestimmte Tiefen, die durch abiotische (Licht- und Temperaturverhältnisse) und biotische Faktoren (Vorkommen bestimmter Nahrungsorganismen) festgelegt sind; gleichzeitig führt es von der Tageszeit abhängige Auf- und Abstiegsbewegungen aus. Die Abwärtsbewegung der Zooplanktonten setzt in den Morgenstunden ein, kommt tagsüber in einer jeweils artlich festliegenden Tiefe zum Stehen und wird während der Abendstunden durch Aufwärtswanderung bis zur Wasseroberfläche rückläufig. Zusätzlich tritt in dunklen, mondlosen Nächten gegen Mitternacht ein schwächeres Absinken der Populationen ein, dessen Bedeutung noch unklar ist. Da diese Vertikalbewegungen in geringer lichtdurchlässigen Braunwasserseen im Vergleich zu Klarseen eine auffallend kleinere Amplitude aufweisen, d. h. die Wendefläche meist höher über dem Grunde liegt, wird die Photoperiode als auslösende Ursache anzusehen sein.

Die Zooplanktonten der Seen sind wegen der Vertikalunruhe der Wasserschichten nicht gleichmäßig dicht verteilt, sondern stellenweise zu Planktonwolken konzentriert. Diese Populationsverdichtungen haben sicher insofern einen Zusammenhang mit der Nahrungsaufnahme, als sich die das Wasser filtrierenden Primärkonsumenten stets dort aufhalten müssen, wo sich Ansammlungen autotropher Algen oder anderer Nahrungsorganismen finden, die als Primärproduzenten deren Nahrung bilden. Entsprechenden Bindungen sind sicher auch die Episiten des Pelagials als Sekundärkonsumenten unterworfen.

Eine Besonderheit der Vertikalbewegungen des Zooplanktons stellt die Abwärtsbewegung jugendlicher Copepoden (Copepoditen des 4. und 5. Stadiums) dar, die sich in den Bodenschlamm einwühlen und dort eine Diapause absolvieren, die offenbar endogen gesteuert wird.

Von einigen wenigen episitisch lebenden Milben und Strudelwürmern abgesehen, sind die Tiere des Grundes eutropher Seen auf den bakterienreichen Faulschlamm (Sapropel) als Nahrung angewiesen. Die Schlammwürmer (Tubificiden) spielen als Sedimentumlagerer im Profundal die den Lumbriciden terrestrischer Böden entsprechende Rolle. Durch ihre Tätigkeit sollen pro Jahr und m^2 bis 12 kg Faulschlamm-Trockensubstanz aus tieferen Schichten an die Oberfläche des Seenbodens transportiert werden.

Das Profundal stellt ein Stratum mit extremen Umweltfaktoren dar; seine Fauna ist deshalb artenarm, aber individuenreich und bietet Grundfischen ausreichende Nahrung. In oligotrophen Seen fehlen Faulschlammablagerungen; ihr Tiefenwasser enthält noch reichlich Sauerstoff, so daß sich in ihnen eine aus anderen Arten zusammengesetzte Fauna entwickeln kann.

Seltener ist der Typ des Braunwasser- oder dystrophen Sees, dessen Wasser durch die in ihm gelösten Humusstoffe gelb bis braun gefärbt ist. In Mitteleuropa entsprechen die Moorseen diesem Typ. Sie sind durch ein spezifisch ausgebildetes, aus Moorpflanzen bestehendes Litoral und durch ein aus Pflanzenresten bestehendes Bodensediment, Dy genannt, charakterisiert. Nährstoffarmut, hoher Säuregrad und Sauerstoffarmut des Wassers lassen nur eine auffallend artenarme Tierwelt aufkommen. Es sind vor allem einige Kleinkrebse (*Ceriodaphnia*, *Chydorus*, *Polyphemus*), *Corethra*-Larven und Flagellaten. Da Humusstoffe die Entwicklung von Bakterien verhindern, bleibt die sich am Seenboden ansammelnde organische Substanz fast unverändert.

Talsperren sind durch Erd- oder Steinbauten aufgestaute künstliche Seen, deren Wassermassen eine mit natürlichen Seen übereinstimmende Horizontalschichtung aufweisen (Abb. 4). Der Zufluß des Wassers erfolgt bei beiden an der Oberfläche, die Entnahme des Brauch- und Trinkwassers jedoch an der tiefsten Stelle vor der Staumauer aus dem Hypolimnion. Der in den Stauraum einfließende Wasserstrom schichtet sich während der Sommermonate zwischen Epilimnion und Metalimnion ein, um später mit diesen Schichten abzusinken. In natürlichen Seen tritt während derselben Jahreszeit eine allmähliche Mischung mit dem Epilimnion ein.

Da die Zuflüsse den Trophiegrad der gestauten Wassermenge bestimmen, führt übernormale Phosphatzuführung zur Übervermehrung des Planktons und zur allmählichen Eutrophierung. Der vorhandene Sauerstoff reicht dann bei weitem nicht zur Mineralisierung der Massen toten Planktons aus. Im Hypolimnion tritt Mangel, später völliger Schwund des Sauerstoffs mit allen Folgeerscheinungen ein. Einer solchen Eutrophierung, die sich durch Zunahme der Trübung und Verfärbung des Wassers bemerkbar macht, kann in Trinkwassertalsperren nur durch Drosselung der Nährstoff-, insbesondere der Phosphatbelastung, begegnet werden, durch die der erwünschte oligotrophe Charakter in ungünstiger Weise beeinflußt wird. Auch das Einsetzen von Forellen, Hechten und Zandern dient der Entlastung des Nährstoffhaushaltes von Trinkwassertalsperren.

Flache Wasserbecken, deren Boden mehr oder weniger dicht von Pflanzen überzogen ist, werden als Teiche bezeichnet. Größere Teiche können ökologisch noch mit Seen verglichen werden, kleinere werden Tümpel genannt; ihr Pflanzen- und Tierbestand ist erheblichen Schwankungen unterworfen. Bei extrem hohem Nährstoffangebot kommt es in saprotrophen Flachgewässern zu Massenvermehrungen einzelner Arten, die dann deren Stoffumsatz zu einem erheblichen Teil bestimmen; in einem Liter Wasser können unter solchen Umständen bis 18000 *Daphnia-pulex*-Individuen enthalten sein. Durch Ansammlung von Fallaub entsteht in Waldtümpeln eine Art „Förna“, die von einer charakteristischen Fauna besiedelt ist. Außer zahlreichen Kleinkrebsen, Nematoden, Wasserasseln und Köcherfliegenlarven, sind Chironomidenlarven, Flohkrebse und Oligochaeten an der Zersetzung des Laubes beteiligt.

Teiche mit reichlich entwickeltem Röhrichtsaum sind die bevorzugten Lebensräume für Vögel und Amphibien und Fische. Typische Wirbellose der Teiche und Tümpel sind die Stechmücken, Wasserspringschwänze, Wasserwanzen und Taumelkäfer. Teichplankton ist im allgemeinen artenreicher als Seenplankton, kann aber bei geringer Ausdehnung der Wasserfläche auch eintöniger sein. Bestimmte Rotatorien (Gattungen *Brachionus*, *Schizocerca*) sind im Vorkommen auf Teiche beschränkt. Bei ausreichender Wassertiefe zeigen sich Schichtungen des Planktons und tageszeitlich bedingte Vertikalbewegungen und auch Planktonwolken.

Wie die Bodenoberfläche, so weist auch die Oberfläche der Binnengewässer spezifische Konzentrationen bestimmter Lebensformen von Tieren auf. Sie wird von allen im Wasser lebenden Luftatmern in regelmäßigen Abständen zum Zwecke des Austausches der Atemluft gegen atmosphärische Luft aufgesucht. Das Oberflächenhäutchen des Wassers bietet aber darüber hinaus einer spezifischen Gesellschaft niederer Tiere, die insgesamt als Neuston bezeichnet wird, günstige Existenzbedingungen. Außer den epineustisch lebenden Taumelkäfern (*Gyrinus*arten) zählen die Wasser- (*Gerris*-Arten) und Teichläufer (*Hydrometra*-Arten), sowie die Wasserspringschwänze (*Hydropodura*, *Smerinthus*) und die Wasser-Jagdspinnen (*Dolomedes*) hierzu, deren Extremitäten die Elastizität des Oberflächenhäutchens ausnützen, das sie mit ihren stumpfen, stark behaarten und „eingefetteten" Gliedmaßen nur eindrücken, aber nicht durchstoßen. Hyponeustisch lebende Vertreter des Zooplanktons hängen sich andererseits mit Hilfe besonderer Haft- und Kriechorgane an die Unterfläche des Oberflächenhäutchens an.

In temporären Kleinstgewässern, wie Rasen- und Wegwasserlachen, dominieren vor allem bei den Copepoden und Cladoceren Arten mit Möglichkeiten zum Überdauern von Trockenzeiten in Sekret- oder Zystenhüllen. Perennierende Arten und Arten, die im Frühjahr nicht binnen kürzester Zeit ihre Populationen aufbauen können, sind nicht existenzfähig. Entscheidend für die Siedlungsdichte in diesen Biochorien ist das Nahrungsangebot. Einige Anostraken (*Branchipus*, *Triops*) entwickeln sich nur in bestimmten ephemeren Waldtümpeln. Für die Diapause ihrer Eier sind bestimmte Austrocknungsgrade und Frosttemperaturen obligatorisch, bei deren Ausbleiben die Eier offenbar „überliegen". Ähnliche Verhältnisse scheinen auch für Culiciden in schmelzwasserführenden Frühjahrstümpeln Finnlands zu gelten.

Gleichfalls extreme Umweltverhältnisse herrschen in den kleinsten Wasseransammlungen der Hohlbildungen bestimmter Landpflanzen, die als Phytotelmen bezeichnet werden. Im Wasser hohler Baumstämme sowie in den durch Blattscheiden ringsum abgeschlossenen Achseln von Mono- und Dikotylen leben aquatische Insekten, die sich offenbar von Bakterien, Protozoen und Detritus ernähren. Ein noch enger begrenztes Habitat besiedeln bestimmte Ciliaten und Rotatorien, die in dem stets wasserdampfgesättigten Kiemenraum von Landasseln leben.

Abnorme physikalische und chemische Eigenschaften herrschen in Thermal- und Salzgewässern sowie in Hochmoor-Humusgewässern. Der Fauna binnenländischer Salzgewässer fehlen typische Meeres- und Brackwassertiere fast ganz; sie setzt sich vorwiegend aus euryhalinen Süßwasserarten zusammen. Mit ansteigendem Salzgehalt geht die Artenzahl zurück. Für die Verbreitung mancher in Salzgewässern gefundener Rotatorien und Entomostraken könnten klimatische Faktoren ausschlaggebender sein als der Salzgehalt ihres Wohngewässers. In der Nähe der Meeresküsten sind Salzgewässer (hyperhaline Lagunen), die regelmäßig oder auch nur gelegentlich Verbindung mit dem Meer haben, von Meeres- und Brackwasserarten besiedelt.

Der Vertikalgliederung der Fließgewässer fehlt im gemäßigten Klimabereich lediglich das Profundal; Pelagial, Benthal und Litoral sind vorhanden. Jedes Fließgewässer ist von der Quelle bis zur Mündung in aneinander anschließende Abschnitte gegliedert, die meso- bis eutrophen Charakter haben. Im Oberlauf wird der Stoffhaushalt durch den täglichen Gang der Wassertemperatur und die mit ihm synchron verlaufende Löslichkeit für Sauerstoff bestimmt. Das Sauerstoffmaximum fällt im Bachabschnitt in die Nachtstunden, während es im eutrophen Flußabschnitt, von der Assimilation der Wasserpflanzen beeinflußt, am Tage eintritt.

Wie in Seen und Talsperren kommt es in Flußläufen bei übersteigerter Zufuhr allotropher Substanzen mit Abwässern zu starker Sauerstoffzehrung, die im Grenzfall zur völligen Vernichtung der autotrophen Pflanzen und der Tierwelt führt.

Das in Hohlräumen, Klüften und Spalten des Rohbodens mit Geschwindigkeiten zwischen wenigen Zentimetern und mehreren Metern pro Tag fließende Wasser

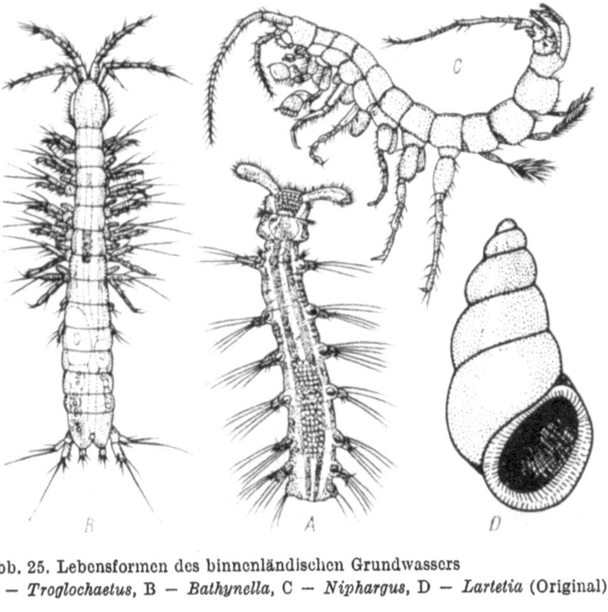

Abb. 25. Lebensformen des binnenländischen Grundwassers
A – *Troglochaetus*, B – *Bathynella*, C – *Niphargus*, D – *Lartetia* (Original)

wird als Grundwasser, der Lebensraum des Grundwassers als Stygon bezeichnet. Wesentliche abiotische Faktoren dieses konkurrenzarmen Biotops sind Dunkelheit und konstant niedrige Temperaturen. Die Fauna besteht zum Teil aus archaischen Formen, denen ein ausgeprägter Entwicklungs- und ein Tag-Nacht-Rhythmus fehlen (Abb. 25). Stygonten haben häufig keine

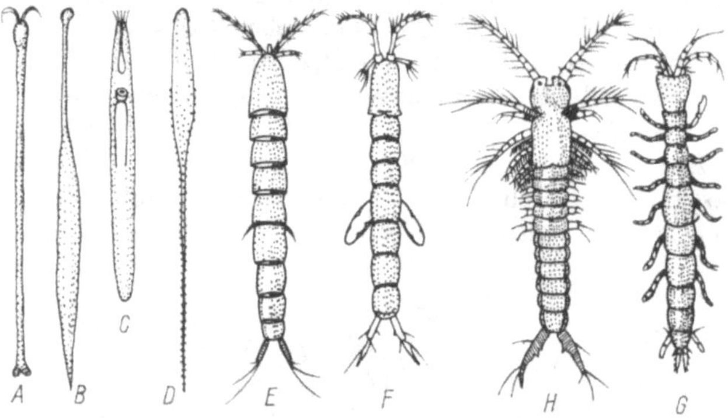

Abb. 26. Lebensformen des marinen Mesopsammals (Küstengrundwasser)
A – Archiannelide: *Protodrilus*, B – Ciliat: *Trachelocerca*, C – Turbellar: *Prischizorhynchus*, D – Gastrotrich: *Ursodasys*, E – Copepod: *Leptastacus*, F – Copepod: *Stenocaris*, G – Isopode: *Microcerberus*, H – Mystacocaride: *Derocheilocaris* (nach REMANE)

Augen; Nahrung ist in ihrer Umwelt ständiger Mangelfaktor und besteht aus toter organischer Substanz, die im Frühjahr mit Schmelz-, und sonst mit Sickerwasser eingeschwemmt wird. Grundwasser ist zugleich Refugium und für den Bereich des Küstengrundwassers oder das Mesopsammal auch Durchgangshorizont für Meeres- und Brackwassertiere. Das Mesopsammal gilt mit etwa 400 Arten als der artenreichste Horizont des Sandbodens (Abb. 26).

4.2.2. Horizontalstrukturen

4.2.2.1. Biochorien

Die Individuen terrestrischer und limnischer Tierpopulationen sind zu keinem Zeitpunkt gleichmäßig über eine Fläche oder in einem Raume verteilt. Die inhomogene Dispersion der Individuen stellt den Normalfall dar. In jedem Biotop finden sich darüber hinaus Stellen, die aus verschiedenen Gründen auf bestimmte Arten besonders attraktiv wirken und an denen sie sich dauernd oder vorübergehend in größerer Individuenzahl konzentrieren. Solche Konzentrationsstellen oder Biochorien sind z. B. Tiernester (Ameisenhügel, Säugetierbaue, Vogelnester), Baumstubben, Strandanwurf, Ufergenist, Hutpilze, Tierexkremente und Tierkadaver. Biochorien sind Aktionszentren in den verschiedenen Straten oder Horizonten der Biotope und können ephemeren oder, wie beispielsweise Baumstubben, dauerhafteren Charakter haben. In der Regel bietet ein Biochorion zugleich Nahrung, in anderen Fällen ist es lediglich Habitat.

Die Besiedlung von Rinderkot hängt sehr stark von der Jahreszeit, d. h. vom Witterungsverlauf und vom Kleinstklima sowie vom Gelände ab. Während niederschlagsarmer Hochsommermonate trocknen die Kuhfladen in etwa 3 Wochen vollständig aus. Den Larven der zuerst zur Eiablage erscheinenden Fliegen (Musciden, Sepsiden) reichen wenige Tage bis zur Verpuppung aus, später erscheinende Fliegenarten finden sich mit der allmählichen Verfestigung des Nährsubstrates ab und haben eine ausgedehntere Larvenentwicklungszeit. Die ersten am frischen Dung erscheinenden Käfer (Hydrophiliden) schwimmen noch förmlich in ihm. Nach seiner äußerlichen Abtrocknung treten Dungkäfer (*Aphodius*, *Geotrupes*) in Erscheinung, für deren Larven die im Innern und an der Unterfläche vorhandene Substratfeuchtigkeit zur Entwicklung ausreicht.

Die Wirkung des Kleinsttemperaturklimas im Kuhfladen zeigt sich an der Entwicklungsdauer der morgens und der nachmittags abgelegten Fliegeneier. Die ersteren entlassen die Eilarve am Nachmittag des gleichen Tages, weil sie in den vollen Genuß der Durchwärmung im Laufe des Tages gekommen sind, während die Larven der zweiten Gruppe als Folge der bald nach der Ablage der Eier einsetzenden und bis zum Sonnenaufgang des folgenden Tages zunehmenden Abkühlung des Substrates erst am Nachmittag des zweiten Tages schlüpfen. Koprophage Fliegenlarven durchlaufen drei, carnivore oft nur zwei Stadien bis zur Verpuppung.

Die Dungkäferlarven minieren im Kot und schaffen ein System von Bohrgängen, das einerseits die Austrocknung fördert, andererseits jedoch Flächen für die Ansiedlung von Pilzen und diese fressende Nematoden schafft. In Rinderexkrementen kommt in Abhhängigkeit von der Zusammensetzung der Mikroflora eine Sukzessionsgesellschaft von etwa 50 Nematodenarten vor; für 22 Arten ist Rinderdung das einzige Nahrungssubstrat, für 10 Arten ist es das typische und für 19 Arten ein gelegentlich aufgesuchtes Substrat. Die an der Oberfläche der Kuhfladen lebenden Nematoden gehören einem anderen Lebensformtyp an als die in seinem Inneren vorkommenden Arten.

Ein beträchtlicher Teil der im Dung lebenden Arthropoden lebt räuberisch: Gamasiden, Fliegen-, Staphyliniden-, Carabidenlarven. Alle Dunginsekten und deren Larven bilden ihrerseits die Nahrungsgrundlage für eine Anzahl Vogelarten (Star, Krähen, Kiebitz), die wie die Erdkröten, die Spitzmäuse und auch der Igel die Kuhfladen intensiv absuchen. Das Gewicht der Insekten, die in der pro Kuh und Jahr abgegebenen Kotmasse heranwachsen, entspricht etwa 20% des Schlachtgewichtes dieser Kuh. Wie wichtig die Tätigkeit der Dunginsekten im Gesamtzusammenhang der Weidebiozönose ist, geht daraus hervor, daß der Kot der nach Australien eingeführten Rinder wegen des Fehlens von Dunginsekten 3 bis 5 Jahre liegen blieb und das darunter liegende Gras zum Absterben brachte. Der von einer Kuh im Jahr produzierte Kot bedeckt eine Fläche von etwa 365 m^2.

Biochorien sind, von in höheren Horizonten oder Straten befindlichen Vogelnestern abgesehen, meist an den Boden gebunden und stellen diskontinuierlich verteilte Kleinareale mit jeweils spezifischem Artbestand dar, auf den die gesamte Trägerbiozönose Einfluß nimmt. Wie das Beispiel Kuhdung zeigt, haben Biochorien stark umweltabhängige Schichtstruktur, die eine Differenzierung in Merochorien mit Merochoriozönosen zuläßt (vgl. Übersicht 2, Seite 89).

Die Choriozönosen setzen sich aus euzönen, tycho- und xenozönen Arten zusammen und gewähren Bewohnern anderer Biotope während des Winters oder während Dormanzphasen Unterschlupf. Ein weiteres Charakteristikum der Biochorien ist ihre phasische Entwicklung. Die Artenspektren der Choriozönosen und Merochoriozönosen lösen einander in zeitlicher Folge ab und liefern Beispiele für Artensukzessionen, deren jeweils letzte das Ende der Existenz des Biochorions besiegelt.

Tierleichen oder -kadaver werden von manchen saprophagen Arten sehr bald nach dem Fall, von anderen erst nach dem Auftreten eines typischen Aasgeruches aufgesucht und mit Eiern belegt. Das Maximum der Tierarten- und Individuenzahl wird mit dem Einsetzen der Verjauchung des Kadavers erreicht. In erster Linie sind es Calliphoriden (*Calliphora*, *Muscina*, *Phaonia*, *Lucilia* u. a.), deren Larven das Innere des Kadavers besiedeln und die diesen zur Verpuppung an der Unterfläche verlassen. In diesem Merochorion leben auch größere Episiten, vor allem Staphyliniden, die sich vorwiegend von den verpuppungsreifen Fliegenlarven ernähren. Auch an der Besiedlung von Tierkadavern zeigt sich die Auslesewirkung des Biotops: Das Fliegenartenspektrum kulturnaher Biozönosen (Gehöft, Feld und Weide) unterscheidet sich eindeutig von dem natürlicher Lebensgemeinschaften (Düne, Moor). Auf Feldern ist die Anzahl der Individuen etwa doppelt so groß wie in Baumbeständen. Die in den Boden einsickernde Verwesungsflüssigkeit verdrängt die autochthone Bodenfauna und ersetzt sie durch allochthone Faulstofftiere. Phoridenimagines der Gattungen *Conicera* und *Metopina* sowie Staphyliniden der Gattung *Atheta* dringen, wie neuere Untersuchungen gezeigt haben, mindestens einen halben Meter tief in den Boden ein und stellen damit ein wesentliches Kontingent der Sargbesiedler auf Friedhöfen. Ebenfalls noch in 50 cm Bodentiefe belegt eine Braconide (*Aspilota*) die dort an Aas lebenden Fliegenmaden.

Pilze beherbergen spezifische Choriozönosen, deren Zusammensetzung ebenfalls stark von ihrem Entwicklungs- oder Reifezustand abhängt. Während der Phase der Sporenreifung wird das Maximum der Artendichte erreicht. Mycetobiont oder betont mycetophil sind außer den Schnecken vor allem eine Reihe von Staphyliniden- (z. B. Gattung *Gyrophaena*) und Dipterenarten (Mycetophilidae, Bolitophilidae). Milben (Oribatiden) und Collembolen meiden das Schirmfleisch der Hutpilze, sie finden sich nur im oder am Stiel. Die Larven der mycetophilen Cisiden leben vorwiegend in harten Baumschwämmen, andere Arten derselben Käferfamilie im Mulm von Baumstubben. Auch im Pilzbiochorion fehlen die Episiten nicht; es sind vorwiegend Staphylinidenarten der Gattungen *Bolitobius* und *Aleochara*, deren schlanke und gegliederte Gestalt für die Jagd auf andere Insektenlarven in den Lamellen- und der Röhrenlagern der Pilze besonders geeignet ist.

Unter den Tiernestern stehen diejenigen der Vögel hinsichtlich ihrer ökologischen Bedeutung an erster Stelle. Ihre Faunulae gliedern sich in blutsaugende Parasiten (Flöhe, Wanzen, Larven der Vogelblutfliegen, Zecken und Vogelmilben), Schmarotzer und Episiten der übrigen nidicolen Tiere, die als saphrophage Arten von Vogelkot, Futterresten und anderem organischen Material leben und das Artenspektrum bestimmen. In Nestern mit Vogelbrut halten sich wärmepräferierende Arten unmittelbar unter der Nestmulde (inneres Merochorion), weniger wärmebedürftige in einiger Entfernung von ihr auf (äußeres Merochorion). Bodennester sowie insbesondere in Sumpfgelände oder direkt auf dem Wasser angelegte Vogelnester haben sehr unterschiedliche Faunulae. Verlassene, der Verwitterung ausgesetzte Nester werden im Laufe der Jahre immer arten- und individuenärmer. Mit der Wiederbesetzung eines Nestes vom Vorjahr findet auch eine Neubesiedlung durch Nidicolen statt, die entweder aktiv zu ihm finden oder von den Nestbewohnern im Gefieder bzw. mit Nistmaterial passiv eingeschleppt werden. Nur wenige Arten, wie z. B. die Vogelflöhe, einige Histeriden und Acarinen durchlaufen ihren Zyklus vollständig im Vogenelst, in dessen unterer Auflageschicht stets Oribatiden und Collembolen dominieren.

In den Nestern der Hummeln und der Ameisen leben außer Einmietlern auch eine Anzahl typischer Arten, die entweder Parasiten oder Episiten (vor allem symphile Bruträuber) sind.

Das unter größeren Steinen befindliche Biochorion ist als Hypolithion bezeichnet worden und ähnelt hinsichtlich der abiotischen Faktoren dem hypogäischen Horizont, während sich seine Faunula vorwiegend aus ruhe- und schutzsuchenden epigäischen Arten zusammensetzt. Episitische Arten halten sich vorwiegend an der Unterfläche des Steines, phytophage Arten im Raum zwischen Stein und Bodenoberfläche auf. Eine dritte Artengruppe wird von hypogäischen Tieren gebildet, die als Detritusfresser in der Förna leben. Die zoophagen Arten des oberen Merochorions nähren sich von den Vertretern aller drei Merochorien einschließlich der nichtaktiven und strukturunspezifischen Tierarten.

Unter Steinen und Steinplatten finden sich im menschlichen Siedlungsbereich bevorzugt Kolonien kleinerer und anspruchsloser Ameisenarten. In ganz ähnlicher Weise wirken dem Boden flach aufliegende Blattrosetten, unter denen hygro- und ombrophile Tiere Unterschlupf suchen. Als künstlich geschaffene Biochorien können umgestülpte Blumentöpfe gelten, die zum Fang von Nacktschnecken in Gärtnereien aufgestellt werden.

4.2.2.2. Grenz- und Saumbereiche

Biotope bilden in der Landschaft ein Mosaik, deren Kontaktbereiche mehr oder weniger breite Floren- und Faunenübergangsgebiete darstellen: Zwischen Wälder und Wiesen schieben sich Waldränder, Feldfluren sind durch Feldraine oder Gebüschreihen voneinander getrennt und Gewässer werden von Ufer- oder Strandstreifen von den sich anschließenden terrestrischen Biotopen getrennt. Die Faunen der Saumbereiche bestehen aus Vertretern beider Biotope und spezifischen Arten, welche die ökologischen Bedingungen solcher Gebiete präferieren.

Bestimmte Randgebiete und Verbreitungsgrenzen sind zugleich Kampfzonen, wie die Baumgrenzen in den Hochgebirgen und im boreal-subarktischen Bereich. Sie sind nicht allein durch Temperaturminima, sondern in erster Linie durch die während des Winters eintretende Unmöglichkeit zur Aufnahme von Wasser aus dem Boden bestimmt. In solchen Gebieten können einzelne Schädlinge, wie z. B. die Geometride *Oporonia autumnata* in den subarktischen Birkenwäldern der nördlichsten Gebiete Fennoskandiens, zu begrenzenden Faktoren werden. Dieser Art gelang es, die Baumgrenze zwischen 1927 und 1962 um 0,6 bis 1 km zurückzuverlegen und auf insgesamt 15,5 km^2 die sehr langsam wachsende Birke vollständig zu vernichten (Abb. 27), die in 100 bis 150 Jahren zu niedrigen Büschen mit Stämmen von höchstens Armstärke heranwächst.

Im Bereiche der sommergrünen Wälder zeigen die Bestandesränder den sogenannten Randeffekt (edge-effect), der durch Besonderheiten des Ökoklimas und durch Arten- und Individuenreichtum der Fauna gekennzeichnet ist. Außer typischen Freiland- und Waldarten finden sich vor allem heliophile Pflanzen und Tiere in Anzahl ein, die nicht streng an den Waldrandbiotop gebunden sind. So konnten an einem nach Süden offenen, 200 m langen und geschlossenen Fichtenhochwaldsaum im Verlaufe mehrerer Jahre 28 Arten Tenthredinidae,

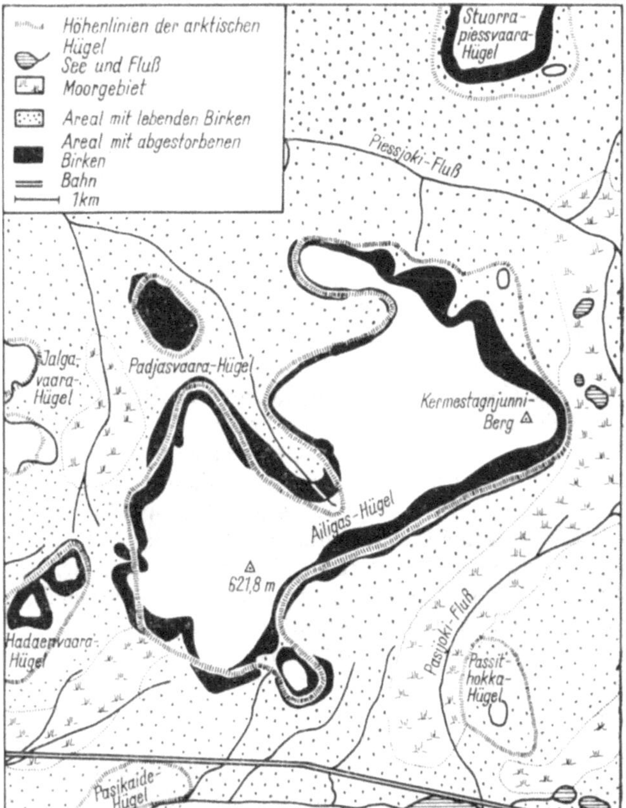

Abb. 27. Zurückdrängen der Birkengrenze (*Betula tortuosa*) im hohen Norden durch Schadfraß der Geometride *Oporonia autumnata* innerhalb von 35 Jahren (nach NUORTEVA)

213 Ichneumoniden-, 57 Braconiden- und 20 weitere Hymenopterenarten festgestellt werden. Eine besonders reiche Tierwelt findet sich dort ein, wo dem Waldrand noch ein aus verschiedenen Sträuchern bestehender Waldmantel vorgelagert ist.

Besondere Bedeutung erlangen die Ränder von Wallhecken, Waldstreifen und Feldgehölzen auch als Überwinterungsstätten für Arthropoden der freien Landschaft. Die Mehrzahl der Fernüberwinterer überdauert in der Förna oder in den obersten Bodenschichten, andere in oberirdischen Biochorien wie z. B. unter Baumrinde, in Baumstubben, Kleinvogelnestern und am Boden liegenden Nadelholzzapfen. Von den autochthonen oder horizontindigenen Arten unterscheiden sich die Überwinterer durch ihre Inaktivität, die erst im Frühjahr nach dem Anstieg der Boden- und Umgebungstemperaturen aufgehoben wird. Die Mehrzahl der fernüberwinternden Arten sind Käfer, die anschließend in ihre Sommerbiotope zurückfliegen.

Feldhecken haben ein eigenes Ökoklima und eine indigene Fauna. Während heißer Sommertage unterscheiden sich die Lufttemperaturen im Heckeninneren deutlich von denen der Heckenränder, die fast schon den Verhältnissen der angrenzenden Felder entsprechen. Ihr Innenraum wird von Arten mit niedrigem Vorzugstemperaturbereich und betonter Hygropräferenz bevorzugt, während sich Feldtiere durch hohe Vorzugstemperaturen und entsprechend geringere Ansprüche an die Luftfeuchtigkeit auszeichnen. Drei Vertreter der Carabidengattung *Agonum* zeigen eine ihrem experimentell ermittelten Temperaturpräferendum entsprechende Verteilung im Gelände (Abb. 28): *Agonum assimile* Payk. mit niedrigem Vorzugsbereich ist Waldtier und beschränkt sich auf das Heckeninnere, *Agonum muelleri* Hbst. ist eine agrobionte Art mit hoher und *Agonum dorsale* Pont. mit mittlerer Vorzugstemperatur und besiedelt im ersten Falle Felder und im anderen Heckenrandgebiete.

Auch begraste Feldraine haben die Funktion von Überwinterungs- und Zufluchtorten. Die Zusammensetzung ihrer Tierwelt entspricht im allgemeinen einem Graslandtyp mit Fragmentcharakter. Unter der Grasnarbe überwintern bedeutend mehr Individuen vieler Arten als auf den angrenzenden Feldern. Für die Bestäubung landwirtschaftlicher Nutzpflanzen wichtige Wildbienen legen ihre Baue in Rainen, Wegböschungen, Ruderalstellen und unter Hecken an. Weiterhin finden

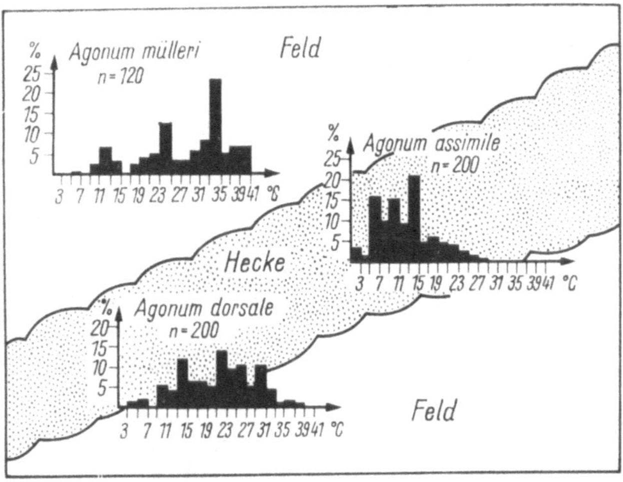

Abb. 28. Vorkommen von 3 Agonumarten in Heckengelände in Abhängigkeit von ihren Vorzugstemperaturbereichen (nach THIELE)
Agonum assimile Payk.: Waldart, *Agonum dorsale* Pont.: Wald-Feldrandart, *Agonum muelleri* Hbst.: Feldart mit der höchsten Vorzugstemperatur

auch viele Episiten und nützliche Parasiten von Ackerschädlingen in den genannten Saumbiotopen Zuflucht.

Ein Saumbiotop besonderer Ausprägung ist das Eulitoral des Meeres- und des Binnenseenstrandes, weil hier marine bzw. aquatische mit terrestrischen Lebensbedingungen im ersten Falle mit den Gezeiten regelmäßig, im anderen gelegentlich abwechseln. Landtiere müssen sich in diesem Grenzbereich mit zeitweiliger Überspülung und Wassertiere mit Landbedingungen abfinden können. Im Bereich der Deiche an der deutschen Nordseeküste sind etwa 600 Arthropoden- und Molluskenarten vollständig auf diesen ständigen Wechsel der abiotischen Bedingungen eingestellt. Die Migration aller dort indigenen Landtierarten ist vorwiegend meerwärts gerichtet und überwiegt die umgekehrte Richtung bei weitem. In der Mehrzahl handelt es sich um endogäisch und holeurychron lebende Arten sowie deren Endoparasiten, vorwiegend Hymenopteren, die gleichzeitig mit ihren Wirten auftreten.

Der Strandanwurf, der einem spezifischen Horizont des Litorals entspricht und an den Meeresküsten kilometerweit ausgedehnt sein kann, ist von einer Gesellschaft saprophager Arten besiedelt. Wesentliche abiotische Faktoren sind sein Wassergehalt und die 20 °C kaum überschreitende Binnentemperatur. Die im Anwurf lebenden bedingt-eurypotenten Arten überleben zwar dessen Austrocknung durch den Wind und den damit verbundenen Schwund des Nahrungssubstrates durch eine unfixierte Generationsfolge, können aber ihren Zyklus nur unter konstanten Milieubedingungen beenden, sind also nicht euryhalin, eurytherm und euryphag i. e. S. Keine der Landtierarten kann schwimmen, alle präferieren faulende Substanzen und sind gegen Sauerstoffmangel wenig empfindlich. Andere Arten, vor allem Meerestiere, sind stenohalin, polystenoxybiont und meiden in Fäulnis übergegangene Anwurfmassen.

4.2.2.3. Regionale Gliederung der Fließgewässer

Der Lauf der Fließgewässer ist in besonderer, topographisch und ökologisch bedingter Weise horizontal gegliedert. Bach und Fluß haben wie Quelle und See Biotoprang und vertreten zwei deutlich unterscheidbare limnische Ökosysteme, die als Rhithron und Potamon bezeichnet werden.

Das *Rhithron* wird von kaltstenothermen und polyoxybionten Tieren besiedelt, die durch Besonderheiten des Körperbaues gut an die starke Strömung angepaßt sind. Vertreter des Rhithrobenthos legen sich der Unterlage sehr dicht an oder sind durch Saugnäpfe fest an diese angeheftet (Abb. 29). Forellen (Salmonidae) vertreten das Rhithronekton, während ein eigentliches Rhithroplankton, von einigen Harpacticidae abgesehen, kaum in Erscheinung tritt.

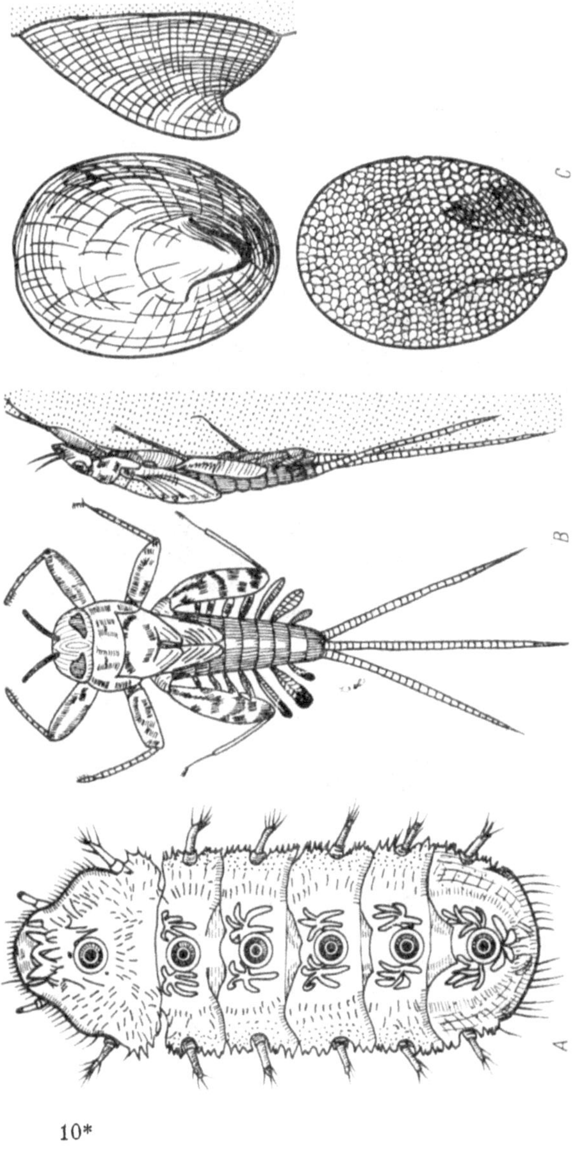

Abb. 29. Anpassungen rhithrobentischer Tiere an starke Wasserströmung. A — Faltenmückenlarve (Blepharoceride) mit 6 Bauchsaugnäpfen, B Eintagsfliegenlarve (*Ecdyonurus venosus.*), deren abgeplatteter Körper sich der Unterlage sehr dicht auflegt, in Auf - und Seitenansicht, C — Abgeflachtes Gehäuse einer Schnecke in Auf- und Seitenansicht (*Ancylus fluviatilis* O. F. Muell.) und einer Köcherfliegenlarve (*Thremma* spez. unten, in Aufsicht (kombiniert nach verschiedenen Autoren aus GEILER)

Ein Teil der Tiere des Rhithrobenthos wird von der Strömung erfaßt und treibt passiv bachabwärts. Diese organische Drift bedeutet für die Insektenlarven beispielsweise Verlust an Lebensraum, der von den weiblichen Imagines dadurch wieder zurückgewonnen wird, daß sie vor der Eiablage bachaufwärts gerichtete Kolonisationsflüge unternehmen. Es handelt sich dabei um eine Art Besiedlungskreislauf, der von Eintagsfliegen (Ephemeriden) als „Laichwanderung" seit langem bekannt ist. Unklar ist die Art, wie sich primäre Wassertiere (Wasserschnecken, niedere Krebse) zurückfinden, soweit sie nicht absolut sessil sind und der organischen Drift von vornherein widerstehen. Besonders bei Hochwasser besteht die Gefahr, daß weite Bach- und Flußstrecken arm an Individuen nichtsessiler Arten werden. Als Ausgleich könnte die sich über viele Wochen hinziehende Schlupfzeit der Larven mancher Fließwasserbewohner (z. B. der Ephemeriden und Plecopteren) wirken. Diese von der Wassertemperatur weitgehend unabhängige Schlupfverzögerung ist auch für den Nahrungshaushalt der Fließgewässer von Bedeutung: Fische finden zu jeder Zeit Nahrung vor.

Die Fauna des *Potamon* setzt sich aus eurythermen bis polystenothermen Tierarten zusammen, die ebenfalls strömungstolerant sind. Das Potamobenthos ist reich entwickelt und umfaßt außer Ephemeroptera und Plecoptera vor allem Diptera, Odonata, Hemiptera (Corixidae, Notonectidae), Coleoptera und Trichoptera. In den oberen Abschnitten des Flußlaufes beherrschen die Cypriniden das Bild des Potamonekton, im Unterlauf Kaulbarsche und Flundern. Auch das Potamoplankton ist reich entwickelt. Außer stenöken treten vor allem eingeschwemmte Arten stark in Erscheinung.

Die Lage der Grenze zwischen Rhithron und Potamon steht in Abhängigkeit vom Klima und der geographischen Breite. Im Norden herrscht das Rhithron vor, ein Potamon ist meist nicht vorhanden. In den mittleren Breiten haben die Fließgewässer der Ebenen Potamon-, im Gebirge Rhithron-Charakter. Die Gewässer der Tropen sind bis in Höhen über 1000 m NN potamisch bestimmt, ein Rhithron tritt erst in noch größerer Höhe auf.

4.3. Zeitstrukturen

Land- und Süßwasserbiozönosen weisen außer räumlichen auch zeitabhängige Differenzierungen auf. Es handelt sich dabei um regelmäßig eintretende Tages- und Jahreszeitenabfolgen oder -aspekte sowie um vom Witterungsablauf nur indirekt abhängige Reifungs- oder Alterserscheinungen, die als Sukzessionen bezeichnet werden. Die Lebensgemeinschaften durchlaufen ohne Beeinflussung durch den Menschen eine Folge von Sukzessionsstufen, die meist mit einer stabilen Schlußphase endet. Auslösende und tragende Ursache der fortlaufenden Veränderungen ganzer Lebensgemeinschaften ist deren Pflanzenanteil; er bestimmt direkt und indirekt die jeweilige Zusammensetzung der Tierwelt. Aspektfolge und Sukzessionsgeschehen sind Ausdruck der Dynamik aller Ökosysteme des Festlandes.

4.3.1. Tageszeitliche Rhythmik

Jede Tierart weist während des 24stündigen Tages mindestens eine, oft sogar mehrere Aktivitätsphasen auf. Auch während der inaktiven Phasen stehen die Inhaber der einzelnen Planstellen potentiell im Konnex mit der gesamten Biozönose. Die Tagesrhythmik kann durch ungünstige Witterung oder andere Faktoren gestört werden und dann einer spürbaren Aktivitätsdepression Platz machen.

Viele vagile Arten landwirtschaftlicher Kulturen beginnen nach Sonnenaufgang am Stengel aufwärts zu laufen, um nach einem mehr oder weniger langen Aufenthalt im Blütenhorizont oder an den Blättern am Nachmittag wieder in Bodennähe abzusteigen. Temperatur und Feuchtigkeitsgehalt der Luft bestimmen in Abhängigkeit vom Licht auch die Aktivitätszeiten fliegender Insekten.

Die Mehrzahl der Hymenopteren, Brachyceren und Käfer, ferner Tagfalter, Heuschrecken, Zikaden und Wanzen haben ihr Aktivitätsmaximum auf Wiesen und Feldern während der wärmsten Tagesstunden. Am Nachmittag suchen sie ihre Übernachtungsmerotope auf. Nach Sonnenuntergang steigen die heliophoben und hygrophilen Tiere in den oberen Horizont des Krautstratums auf, Nematoceren sowie Dämmerungs- und Nachtfalter beginnen zu fliegen. Niederschläge und stärkerer Wind binden sowohl tag- als nachtaktive Tiere an ihre Verstecke.

Beginn und Ende der Aktivität sind bei den meisten Tierarten an äußere und innere Zeitgeber gebunden. Die Abhängigkeit von der „inneren" Uhr ist für solche Um-

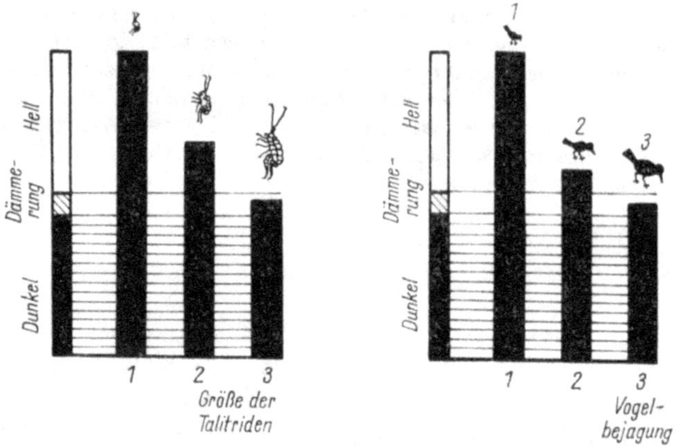

Abb. 30. Abhängigkeit der Aktivität vom Alter der Talitriden
A – 1:3 bis 4 mm lang, 2:5 bis 7 mm lang, 3:9 bis 11 mm lang; B – Beschränkung der Talitridenaktivität durch unterschiedliche Zahlen jagender Strandvögel. 1 – Salzwiesen der Westküste Schleswig-Holsteins (vogelarm), 2 – List auf Sylt, 3 – Helgoland (vogelreich) (nach Rüppel)

welten von Vorteil, deren einzelne Faktoren sich gesetzmäßig verändern. In Biotopen mit extremen Umweltbedingungen, wie z. B. im marinen Supralitoral, bleiben optimale Bedingungen unter der Einwirkung von Überflutungen, Stürmen und Temperaturstürzen für längere Zeit aus. Eine losere Bindung an die innere Uhr bedeutet für die hier lebenden Tierarten deshalb einen Selektionsvorteil. Manche jungen Arthropoden sind am Strande 24 Stunden aktiv (Abb. 30 A). Ihre älteren Artgenossen werden vielerorts, soweit sie nicht flugfähig sind, sehr stark von Vögeln dezimiert, so daß sich ihre Aktivität schließlich auf die Nachtstunden konzentriert. In den weitläufigen Salzwiesen an der Westküste Schleswig-Holsteins, auf Teilen des Strandes der Biskaya und des Roten Meeres können wegen der Vogelarmut die Talitriden auch tagsüber aktiv sein. Sonst reichen Sprungvermögen und Farbanpassung für diese am Strand lebenden Krebse als Schutz vor den „Strandläufern" nicht aus, und es wäre denkbar, daß unter solchen Umständen die nächtliche Talitridenaktivität durch Auslese entstanden ist (Abb. 30B).

Im Uferbereich der Binnenseen sind Fliegen und Zikaden von den heißen Mittagsstunden abgesehen ständig aktiv, Florfliegen und Libellen bevorzugt um diese Zeit aktiv, während sich die Nematoceren und Mikrolepidopteren an die kühleren Abend- und Nachtstunden halten. Einige Vertreter der zuletzt genannten Gruppe haben eine mehrstündige inaktive Phase um Mitternacht, die von den um diese Zeit herrschenden Minima der Lufttemperaturen ausgelöst wird.

4.3.2. Jahreszeitliche Aspekte

Das stabilisierende Element aller Landbiotope stellen die an bestimmte Straten oder Horizonte gebundenen und während der gesamten Vegetationsperiode vorhandenen eurychronen Tierarten dar. Das von ihnen gebildete zeitstabile Biozönosegerüst wird durch ein zweites System von straten- und horizontunabhängigen sowie nur während begrenzter Zeiträume, also stenochronen Tierarten ausgefüllt, die für eine Zeit-Raum-Regulation sorgen. Diese als jahreszeitlich gebundene Aspektfolge bezeichnete Erscheinung ist Ausdruck dafür, daß in den Straten und Horizonten eine immerwährende Umbesetzung der Planstellen vor sich geht, die gleiche oder ähnliche Lebensformtypen an die Stelle der im Verlaufe ihres Zyklus ausgeschiedenen bringt.

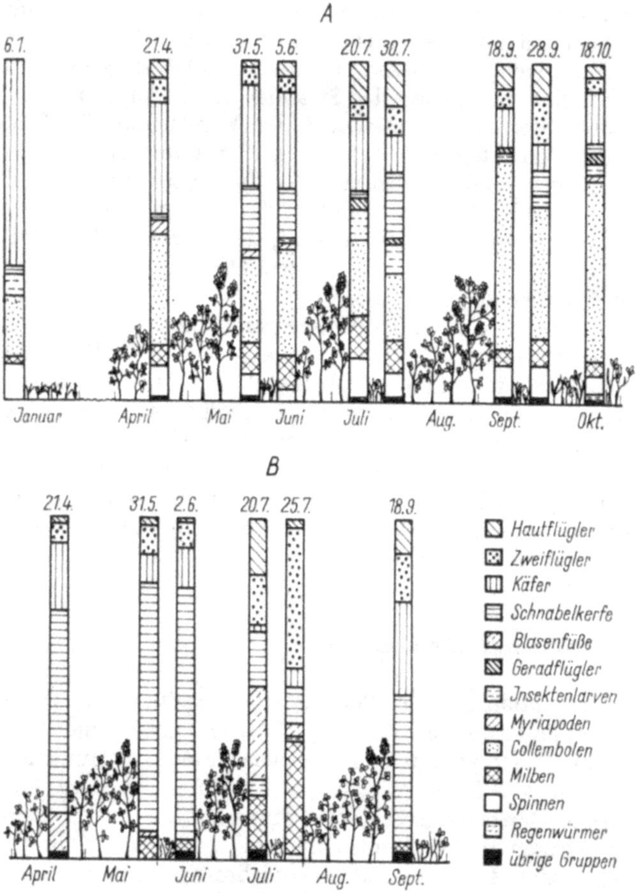

Abb. 31. Jahreszeitenaspekte der Luzernefauna
A – am Boden, B – im Bestand (Raum Leipzig 1960; Original)

Die zeitliche Begrenzung der Biozönose-Aspekte kann unter Zuhilfenahme der meteorologischen oder den pflanzenphänologischen Phasen entsprechend erfolgen. Bei den landwirtschaftlichen Kulturpflanzen werden die

Aspekte durch agrotechnische Maßnahmen zusätzlich beeinflußt. Die Mahd der Wiesen und Futterpflanzenschläge entspricht, wie bereits dargestellt wurde, einem tiefen Eingriff in die Wiesen- und Feldbiozönose, ist aber immanenter Bestandteil der Aspektfolge dieser Kulturen und trifft vor allem nicht-agrobionte Tierarten (Abb. 31).

Zur Zeit der Rückkehr der Zugvögel verlassen die meisten Arthropoden ihre Winterlager, steigen in die Vegetationsschichten auf und besiedeln ihre „Planstellen“ im Biozönosegefüge. Der Vollfrühlingsaspekt ist durch den allgemeinen Laubausbruch der sommergrünen Gehölze, durch das Einsetzen der Fortpflanzungshandlungen in allen Straten und gleichzeitig durch den Beginn der Tätigkeit blatt- und nadelfressender, minierender und blütenbesuchender Insekten gekennzeichnet. In der Zeit zwischen Mitte Juni und Mitte Juli (Sommeraspekt) wird in Mitteleuropa der Höhepunkt der organismischen Entwicklung erreicht. Mit dem Heranreifen der Früchte und Samen vergrößert sich die Zahl der holometabolen Insekten um die Samen- und Früchtefresser. Im Hoch- und Spätsommer verlassen manche Zugvögel bereits ihre Brutgebiete, in einzelnen Biotopen, insbesondere in Monokulturen, erreichen die hemimetabolen Insekten und Spinnen Maximalzahlen ihrer Populationen, und mit Anfang September treten viele Arthropoden bereits den Weg zu den Überwinterungsquartieren an. Dabei nimmt die Aktivitätsdichte in den Waldstratozönosen, insbesondere in deren Epigaion vorübergehend stärker zu. Noch rechtzeitig vor dem Eintritt der ersten Fröste ist die Einwinterung der Mehrzahl aller Tierarten in der Regel abgeschlossen und nur psychroresistente Poikilotherme sind in der Lage, überdurchschnittlich warme Tagesstunden während der kalten Monate auszunützen. Sie bilden mit den Gleichwarmblütern zusammen die Vertreter des Winteraspektes.

Diese für Mitteleuropa geltenden Verhältnisse erfahren in nördlicheren und südlicheren Breiten Terminverschiebungen, die durch einen Vergleich der mittleren Frühjahrsankunft der Rauchschwalbe aus dem Winterquartier mit dem Vordringen der 8,9 °C-Isotherme zwischen dem 1. März und dem 1. Juni veranschaulicht werden können. Es zeigt sich dabei, daß die Isepiptesen der Rauchschwalbe recht gut mit der fortschreitenden Frühjahrserwärmung der Festlandsluft übereinstimmen (Abb. 32). Für die etwa 4000 km von Südeuropa bis Nordlappland werden rund 100 Tage gebraucht, deren Dauer natürlich auch von der Zuggeschwindigkeit der Schwalben, in erster Linie jedoch von den zu dieser Jahreszeit über

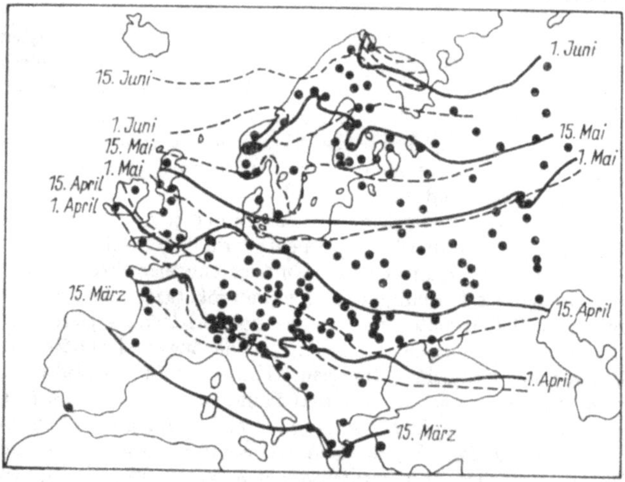

Abb. 32. Verlauf der 8,9 °C-Isotherme (gestrichelt) und der Isepiptesen der Rauchschwalbe für Europa (ausgezogen) (nach BERNDT-MEISE)

Europa herrschenden thermischen Verhältnissen bestimmt wird. Als Beweise für diese Annahme können die Verzögerungen der Ankunft in Gebirgslagen, d. h. parallel mit der langsameren Erwärmung in vertikaler Richtung und dem entsprechend späteren Eintritt des Frühlings, sowie die Abhängigkeit des Eintreffens der Wasservögel vom Eisaufbruch der Gewässer in nördlicheren Gegenden gelten. Seit langem ist bekannt, daß die Rückkehrer Warmluftvorstöße für ihre Wanderungen auszunützen verstehen und unter Umständen auch mehrere Tage auf den Eintritt der entsprechenden Großwetterlagen, d. h. auf Warmluftfronten der Vorderseiten von Tiefdruckgebieten warten.

4.3.3. Sukzessionen

Im Gegensatz zu Aspektfolgen, die an die Vegetationsperiodik gebunden sind und sich deshalb wiederholen, stellen Sukzessionen meist einmalige Abfolgen typischer Pflanzen- und Tierartengesellschaften dar. Sie beginnen mit einem Initial- oder Pionierstadium und führen über Zwischenstufen zu einer stabilen End- oder Klimaxphase. Diese Entwicklung kann auf einem der Zwischenstadien zum Stillstand kommen oder sogar rückläufig werden. Hierin unterscheiden sich primäre Sukzessionen von solchen niederer Struktureinheiten oder Sekundärsukzessionen, die in der Regel mit deren vollständigem Abbau enden. Während der Initialphase dominieren im Anwurf mariner Algen thalassobionte Arten, im anschließenden Fäulnisstadium thalassophile Dipterenlarven und Milben, an deren Stelle während der Übergangsphase saprobionte Indifferente treten. Diese werden schließlich von thalossoxenen Arten abgelöst, die vorwiegend Bodenbewohner sind (z. B. Collembolen sowie Chironomiden- und Ceratopogonidenlarven).

Eine in mancher Hinsicht ähnliche, nur wesentlich länger andauernde Folge von Zersetzungsphasen durchlaufen Baumstubben. Der Humifizierungsprozeß des abgestorbenen Holzes wird von den verschiedensten Organismen eingeleitet, die den Stock von außen und später auch von innen angreifen; Nadelholz zerfällt dabei schneller als Laubholz. Der zwischen dem Splintholz und dem sich ablösenden Rindenmantel entstehende subkortikale Raum beherbergt eine spezifische Merozönose, der bei Nadelholz vor allem Dipterenlarven angehören (Lycoriiden, Ceratopogoniden, Erinniden, Thereviden und Platypeziden). Während der ersten Besiedlungsphase weist die Borke infolge ihrer lockeren Eigenstruktur und der zahlreichen Bohrgänge der verschiedenen Insektenlarven die größte und das Kernholz die geringste Hohlraumkapazität auf. Aus diesem Grunde nehmen die

Artendichte und die Individuenabundanz von der Rinde über den Splint bis zum Kernholz hin ab. Der Splint besteht aus weich-faserigem Holz und verwandelt sich im Verlaufe des Abbaues in Mulm. Sobald sich später Moospolster auf der Oberfläche des Nadelholzstubbens ausbreiten, verschwinden die Borkenkäfer und zum großen Teil auch die holzfressenden Arten; dafür nimmt die Anzahl der Episiten (Carabiden, Staphyliniden) und der Mulmfresser (Glomeriden, Polydesmiden) zu.

Fichtenstubben, die auf sehr trockenem Standort stehen, verlieren ihren Rindenmantel früh, werden nur von trockenheitsresistenten Larven (Siriciden) besiedelt und später häufig in die Nadelstreunester der Roten Waldameise eingebaut (*Formica rufa* L. und *F. polyctena* Foerst.). An feuchteren Standorten dringen vom Boden her Lumbriciden und Enchytraeiden, Wegschnecken (Arioniden), Oribatiden und Diplopoden in den Stockmulm ein. Manchen Holzarten fehlt eine Trennung in Splint- und Kerbholz: Linden- und Pappelholz sind durchweg weich, der Kern des Weidenholzes ist sogar weicher als der äußere Holzmantel („Hohlweiden"). Die Mehrzahl der spezifischen Rindentiere lebt zoophag; die Arten des Subcorticalraumes sind weitgehend inaktiv und suchen hier lediglich Unterschlupf, während sich die Tiere des Splintholzes vorwiegend von diesem, also xylo-saprophag ernähren. Eine Gruppe zoophager und saprophager (insbesondere mycetophager) Arten ist an keines der drei Merochorien gebunden und zählt deshalb zur Stubben-Choriozönose insgesamt. Die Überwinterung der Stubbentiere erfolgt vorwiegend im Splint, der Subcortikalraum ist während der kalten Jahreszeit unbesiedelt.

Echte oder primäre Sukzessionen sind Ausdruck des dynamischen Elementes der Ökosysteme und nehmen ihren Ausgang von vegetationslosen Flächen (Abb. 33), wie Gesteinsböden im Hochgebirge nach Rückgang des Gletscherrandes, Wattböden nach Eindeichung oder Verlandungsböden im Bereich der Binnengewässer.

Der Rohboden im Gletschervorfeld weist außer edaphischen (Collembolen und Milben als Erstsiedler, später folgen Chironomidenlarven) auch zufällig anfliegende oder passiv verfrachtete Formen auf (Blattläuse, Nematoceren, Hymenopteren), die den sich alsbald einstellenden Räubern (Carabiden, Lycosiden, Opilioniden) als Nahrung dienen. Mit der ersten Pionierpflanzengesellschaft, die aus Moosen, Gräsern und anspruchslosen dikotylen Polster-

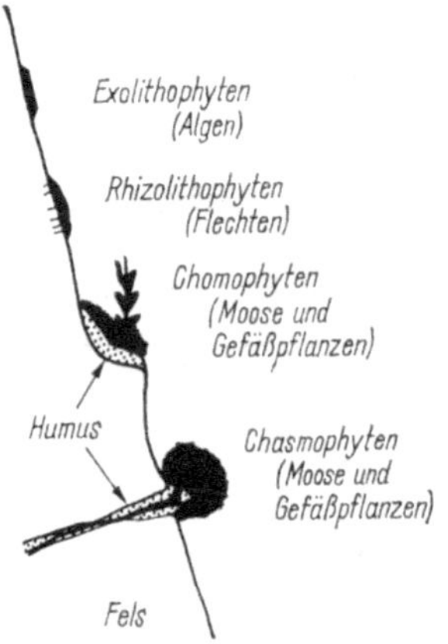

Abb. 33. Pionierstadien der Felsbiozönosen (verändert nach ELLENBERG)

pflanzen (*Cerastium*- und *Saxifraga*arten) besteht, erweitert sich die Fauna um eine beträchtliche Anzahl Arthropoden einschließlich ihrer Parasiten.

Die artenreicher werdende Pflanzengesellschaft wirkt bodenbildend, und mit der Zunahme der Bodenschicht stellen sich auch typische Arten des Endogaions ein. Während einer Übergangsphase findet das Spektrum der Pioniertierarten bereits Ergänzung durch Vertreter der Grasheidenfauna, die schließlich in der Endphase das Bild beherrscht. Die Geschwindigkeit des Ablaufes der einzelnen Sukzessionsphasen hängt primär sehr stark von abiotischen Faktoren (Ausgangsgestein, Höhenlage und Exposition), sekundär aber auch vom Stadium der benachbart liegenden Biozönosen ab, deren zuwandernde Glieder die Phasenfolge der Pioniergesellschaften unter Umständen stark beschleunigen. End- oder Klimaxphase ist die Grasheidebiozönose.

Bedeutend schneller vollzieht sich die Besiedlung kahler Sandböden in Küsten- und Uferbereichen. Im Gezeitenbereich der Küsten geschaffene Deiche zeigen bereits nach 1 bis 2 Jahren im Vergleich zu alten Deichen eine relativ hohe Tierartenzahl. Die Mehrzahl der als Pioniere auftretenden Tierarten lebt räuberisch (Carabiden, Staphyliniden, Canthariden, Araneae, Opiliones, Chilopoden) oder trägt zur Bodenbildung bei (Collembolen, detritophage Staphyliniden und kleine Arten anderer Coleopterenfamilien). Nach 5 bis 10 Jahren ist in den höheren Teilen der Seedeiche die Bodenbildung so weit vorangeschritten, daß Regenwürmer und Tausendfüßer an den Humifizierungsvorgängen teilhaben. Die Stabilität der Deiche wird in weitgehendem Umfange von der sie besiedelnden Biozönose bestimmt.

Eine Primärsukzession besonderer Art schließt den Vorgang der Seenverlandung über das Flachmoor bis zum Erlenbruchwald als Klimaxphase ein. Die Ablagerung von organischem Detritus führt zur Auffüllung des Seenbodens und zur Verbreiterung seiner Uferbänke. Im nächsten Stadium dringen die Pflanzenbestände vom Ufer her zur Mitte des Sees vor und besiedeln schließlich den gesamten Grund. Mit der Verdrängung der submersen Flora durch Sumpfpflanzen hat der ehemalige See die Sumpfphase erreicht, die über das Flachmoor und die Moorwiese zum Waldmoor führt.

Anthropogen bedingte Sekundär-Sukzessionen treten im Walde nach Kahlschlägen und Waldbränden auf. Meist bleibt ein Restbestand an Organismen erhalten, der zur Einleitung einer neuen Initialphase ausreicht. Das Edaphon von Kahlschlagflächen gleicht einige Zeit dem des einstigen Hochwaldes, verarmt aber später durch Austrocknung der Streu- und oberen Bodenhorizonte. Mit dem Aufkommen einer Kahlschlagflora nimmt die Fauna der Krauthorizonte an Arten zu, die sich auch während des Heranwachsens der Jungfichten noch einige Zeit hält. Zu Beginn des Stangenholzalters wird das Arthropodenspektrum ärmer, und mit dem Schluß der

Fichtenkronen sind sämtliche Kahlschlag- und Lichtungsarten verschwunden.

Feld- und Litoraeabiozönosen stimmen darin überein, daß beide in zeitlichen Abständen destruktiven Einflüssen unterworfen sind, die vor allem in der Umlagerung von Bodenmaterial bei meist vollständiger Vernichtung der Vegetationsdecke zum Ausdruck kommen. In den ufernahen Bereichen sind es Überflutungen, auf den Feldern Bodenbearbeitungsmaßnahmen, die das Sukzessionsgeschehen unterbrechen und in das Anfangsstadium zurückwerfen. Felder und Ufersäume erweisen sich in diesem Sinne als Pionierbiotope, die über die erste Phase der zu erwartenden Sukzessionsfolge nicht hinausgelangen und demzufolge niemals ein End- oder Klimaxstadium erreichen können. Auf die Dauer können in beiden deshalb nur solche Tierarten existieren, die sich der periodisch eintretenden Instabilität der Ökofaktoren anzupassen vermögen.

4.4. Ökosysteme

Der unterschiedliche Einfluß des Menschen läßt es zweckmäßig erscheinen, zwischen Naturlandschaften mit ursprünglichem Aufbau, naturnahen oder „Halbkultur"-Landschaften und den mehr oder weniger stark umgestalteten Kulturlandschaften zu unterscheiden. Jede Kulturlandschaft weist neben Agrarland in den Industrieballungsräumen bebautes Siedlungsgelände, Verkehrs- und Energiegewinnungs-Anlagen sowie Abraum- und Müllhalden auf, die sich als Biotopoide mit Technochorien nur bedingt unter dem Gesichtspunkt dynamischer Ökosysteme betrachten lassen, andererseits aber für eine beträchtliche Artenzahl niederer und höherer Tiere zur bestimmenden Umwelt geworden sind. Die bildliche Darstellung und erschöpfende Schilderung aller zwischen den Gliedern einer Biozönose bestehenden Beziehungen scheitert an deren räumlich und zeitlich nicht erfaßbarer Vielfalt; die meisten Arbeiten beschränken sich deshalb auf Teilkonnexe und Nahrungsketten.

4.4.1. Natürliche und naturnahe Biotope

Wesentliches Kennzeichen einer natürlichen Biogeozönose ist ihre Gefügekonstanz, die durch ihr biologisches oder biozönotisches Gleichgewicht gesichert ist. Dabei handelt es sich um einen dynamischen Gleichgewichtszustand, für den die Bezeichnung Fließgleichgewicht geprägt wurde. Wie stark ein natürliches, zur Selbstregulation befähigtes biozönotisches System gepuffert ist, zeigt sich deutlich nach störenden Eingriffen von außen. Die Teile des Systems fangen Ausfälle jeglicher Art gewissermaßen elastisch auf und pendeln sich in relativ kurzer Zeit wieder ein. Weiträumige Naturlandschaften, wie tropische und subtropische Feuchtluftwälder (Hylaea-Landschaftstyp) sind ursprüngliche Lebensräume, deren Biozönosen noch die Fähigkeit zur Selbstregulation besitzen.

In den unter direktem und ständigem anthropogenen Einfluß stehenden Teilen des Festlandes sind fast sämtliche ursprünglichen in naturnahe Biotope umgewandelt, denen die Möglichkeit zur Selbstregulation nur im beschränkten Umfange erhalten geblieben ist. Dieser Verlust an Eustasie könnte nur durch eine auf die Wiederherstellung des einstmals vorhanden gewesenen biozönotischen Gleichgewichtes abzielende Wirtschaftsweise ausgeglichen werden, für die sich die Bezeichnung ökologische Regelung anbietet.

Typischer Bestandteil der Landschaften gemäßigter Breiten ist der sommergrüne Laubwald (Silvaea-Landschaftstyp). Seine großflächigen Verbreitungsgebiete fallen überall auf der Nordhalbkugel der Erde mit den Gebieten zunehmender menschlicher Siedlungsdichte zusammen und werden deshalb immer mehr eingeengt bzw. in kleinere isolierte Teilareale der Kulturlandschaft aufgelöst. Je intensiver diese genutzt und je stärker sich Nadelholz-Monokulturen durchsetzen, desto artenärmer müssen ihre Biozönosen werden. Die rasche Aufarbeitung abgestorbenen, gefallenen und gefällten Holzes bedingt zunächst den Rückgang seiner Sekundärschädlinge, die Zunahme phytophager Insekten und in Analogie dazu bei den Vögeln eine Verdrängung der Höhlen- durch Freibrüter.

Die sommergrünen Laubwälder ziehen sich als Keil, dessen Basis im Westen an der Atlantikküste liegt und dessen Spitze im Osten den Ural erreicht, quer durch Mitteleuropa und bilden gegenwärtig die umfänglichsten Landbiotope. Der Aufbau ihrer Biogeozönosen entspricht trotz vielfältiger Beeinträchtigungen den natürlichen Verhältnissen noch immer am besten. In Mitteleuropa herrscht die Buche vor; mit zunehmender Kontinentalität des Klimas in östlicher Richtung werden die Buchenwälder zunächst durch Stieleichen-Hainbuchenwälder und schließlich durch Stieleichen-Lindenwälder vertreten. Die jeweilig vorherrschende Holzart bestimmt Vertikal- und Horizontalstrukturen sowie das Angebot an pflanzlicher Nahrung für phytophage und damit indirekt auch die Nahrungsgrundlage für zoophage Tierarten (Abb. 34).

Mitteleuropäische Buchenwälder beherbergen etwa 4000 Pflanzen- und 7000 Tierarten. Darunter befinden sich beispielsweise 109 von 530 Landwirbeltierarten und 70 von 370 Schneckenarten; 1800 Tierarten sind direkt an Buche gebunden. Die Vertikalgliederung alter Buchenreinbestände, die nur selten unter Massenvermehrungen von Primärschadinsekten leiden, ist gering, ihr dichtes Kronendach für den Unterwuchs ungünstig, so daß in ihnen wegen des Fehlens einer Strauch- und Bodenpflanzenschicht Mangel an ökologischen Nischen herrscht. Ein beträchtlicher Teil der Buchenwaldfauna konzentriert sich auf die Streuschicht und den darunterliegenden Boden sowie auf Lichtungen im Bestand mit Jungwuchs und reicherer Bodenflora.

Stärker gegliedert und lichter sind Eichen- und Eichenmischwälder. Der dichtere Unterwuchs wirkt sich in größerem Tierartenreichtum und höheren Be-

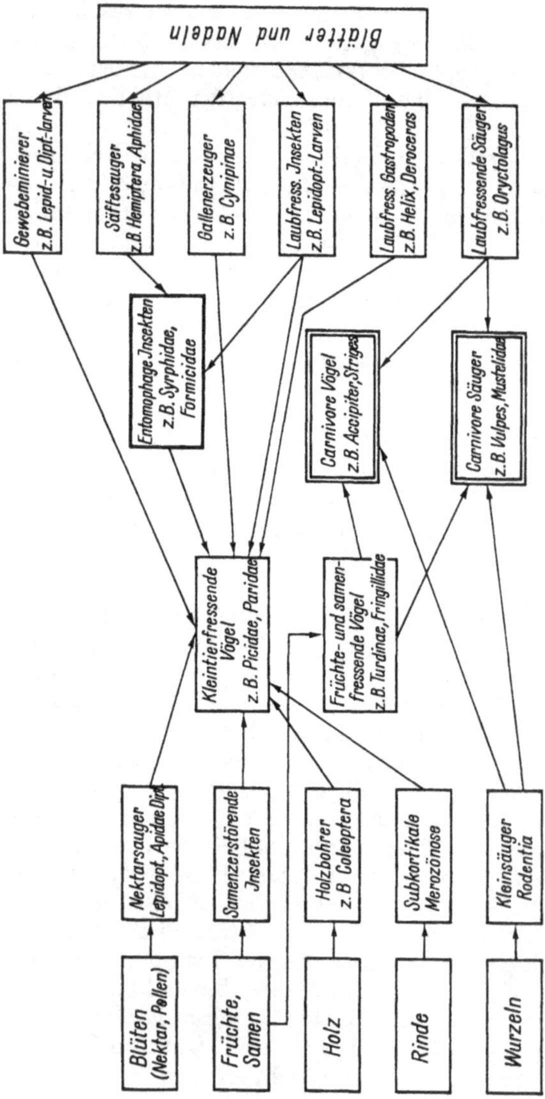

Abb. 34. Nahrungsketten in Waldbiozönosen (Original)

siedlungsdichten aus. Auf der Eiche leben in Mitteleuropa mehr als 1000 Insektenarten, darunter allein 86 Gallwespenarten. Obwohl Eichenwälder selten Reinbestände sind, treten in ihnen Gradationen bestimmter Primärschädlinge auf. Im nördlichen Mitteleuropa ist es der Eichenwickler *Tortrix viridana*, in Südeuropa vor allem der Schwammspinner *Lymantria dispar*.

Die Schadwirkung des Eichenwicklers wird dadurch gedämpft, daß manche Eichen zum Zeitpunkt des Schlupfes seiner Eiraupen entweder den Knospenaufbruch bereits hinter sich haben, während die Knospen anderer sich erst später öffnen, so daß in beiden Fällen die erforderliche Phasenkoinzidenz nicht gegeben bzw. nur an Eichen mit mittlerer Austriebszeit zu erwarten ist. In anderen Jahren kann sich infolge witterungsbedingter Phasenverschiebungen eine Koinzidenz mit den Früh- oder auch mit den Spättreibern im Bestand ergeben. Sämtliche Eichenschädlinge werden von parasitischen Hymenopteren kurz gehalten, die ihrerseits auf das Vorhandensein einer Reihe von Nebenwirten und vor allem nektarliefernder Bodenpflanzen als Nahrungsquellen für die Schlupfwespenimagines angewiesen sind. Eine Darstellung dieser Beziehungen (Abb. 35) erfaßt nur einen kleinen Teil der am Gesamtkonnex „Eichenwald" beteiligten Wirbellosen- und Wirbeltierfauna. Im dichten Kronen- und im reich gegliederten Gebüschstratum der Eichenwälder finden neben kleineren Säugetieren, wie Eichhörnchen und Bilchen, auch Rotwild, Reh und Wildschwein reiche Ernährungs- und Verbergemöglichkeiten.

Zu den naturnahen Laubmischwäldern zählen auch die hygrophilen Auenwälder Mitteleuropas, die auf periodisch von strömendem Wasser überfluteten Flußauen-Schwemmböden mit hohem Nährstoffgehalt oder auf Hangböden mit austretendem Grundwasser stocken.

Der üppigen Vegetation entspricht eine arten- und individuenreiche Fauna, deren endo- und epigäischer Anteil durch die Frühjahrsüberschwemmungen allerdings mehr oder weniger regelmäßig dezimiert werden. Die Auffüllung der Restpopulationen erfolgt später von überschwemmungsfrei gebliebenen Inseln und von den Randgebieten aus. Das Gesicht der Tierwelt wird vom Wasser und vom hohen Luftfeuchtigkeitsgehalt der Luft bestimmt, besonders

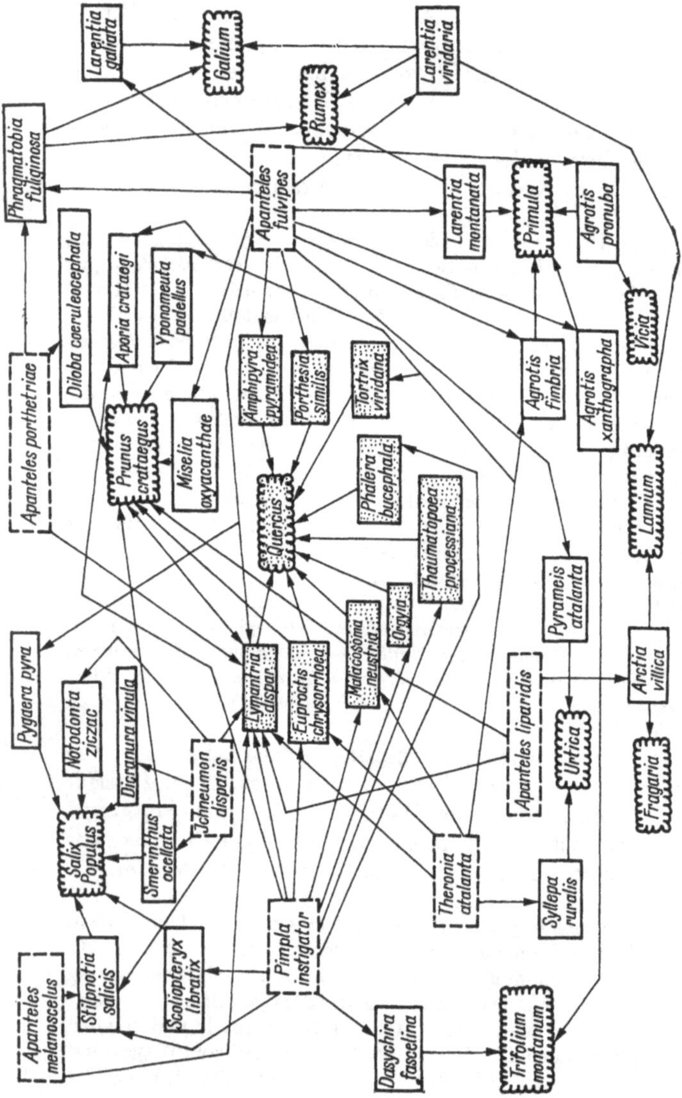

Abb. 35. Biozönotischer Teilkonnex in ungarischen Eichenwäldern: Nebenwirte und Nährpflanzen der Eichenschädlinge parasitierenden Schlupfwespen. Umrißlinie gewellt – Nektarpflanzen für die Schlupfwespenimagines, Umrißlinie ausgezogen – phytophage Arten, Umrißlinie gestrichelt – deren Parasiten, Felder punktiert – Eiche und Eichenschädlinge (nach TISCHLER)

auffallend sind Nematoceren (Culicidae!), Landschnecken und Amphibien. Als typisches Säugetier der Auenwälder kann der an der mittleren Elbe noch in wenigen Paaren vorhandene Biber (*Castor fiber*) gelten. Für das ständige Vorkommen anderer Säugetiere dieser Größenordnungen bieten die saumförmig-schmalen Auenwälder heute zu wenig Raum.

Besonders reich an terrestrischen Tiergruppen unterschiedlicher Systemzugehörigkeit sind Röhrichte und Sumpfwiesen. „Würmer", Schnecken, Spinnen, Weberknechte sowie flügellose und geflügelte Insekten aller Ordnungen sind mit einer großen Anzahl von Arten vertreten. Allen im Röhricht lebenden Warmblütern, insbesondere den Sumpfvögeln, dem Fischotter und der Bisamratte, steht ein reiches Angebot an Pflanzen- und Tiernahrung im Wasser zur Verfügung; andere Arten, wie die Fledermäuse, Schwalben und Frösche, decken ihren Nahrungsbedarf durch Jagd auf Insektenimagines, deren Larven im Wasser leben (Köcherfliegen, Eintagsfliegen, zahlreiche Nematoceren). Sehr groß ist auch die Zahl der zunächst weniger auffallenden Blatt-, Blüten- und Samenfresser sowie der Blattminierer und Stengelbohrer unter den Insekten. Enge Nahrungsbeziehungen bestehen zur Tierwelt benachbarter Sumpfwiesen (Abb. 36), deren weicher Boden Limicolen, Staren, Krähen und Möwen reichlich Nahrung (Lumbriciden, Enchytraeiden, terrestrische Chironomiden) bietet. Die vom Turgor gestrafften Pflanzen entbehren besonderer Stütz- und Versteifungsgewebe, sind deshalb saftig und für die Mundwerkzeuge phytophager Insekten leicht angreifbar.

4.4.2. Naturferne Biotope und Technotope

Durch großflächige Kahlhiebe in den Wäldern, durch Trockenlegen von Moor- und Sumpfgebieten und durch Regulieren von Bach- und Flußläufen werden Naturreservate beseitigt und der Gesamthaushalt der Landschaften in ungünstiger Weise beeinflußt. Als Folgen

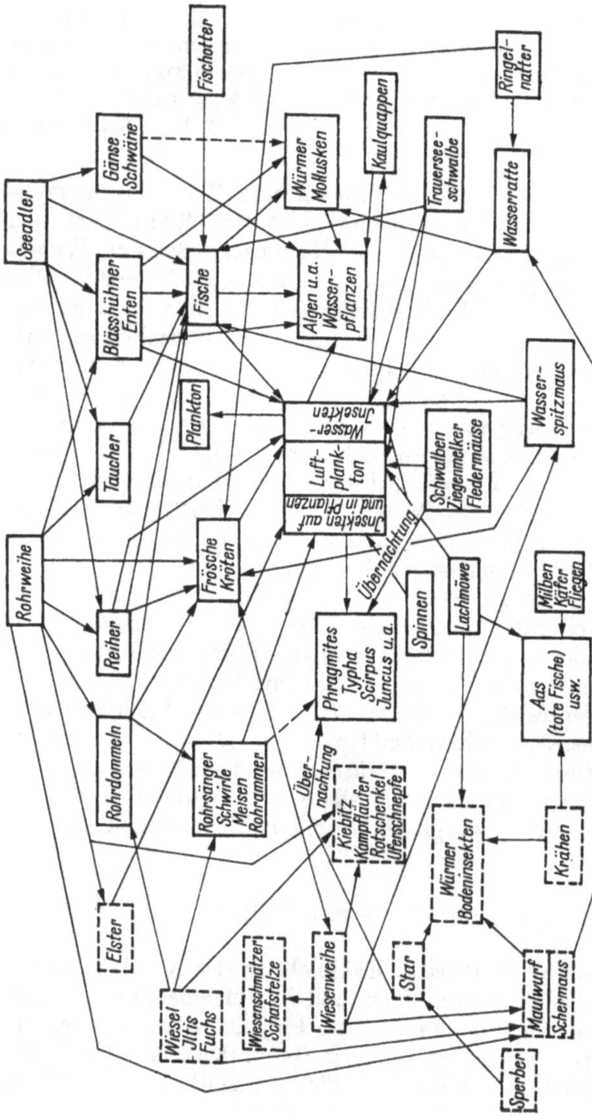

Abb. 36. Nahrungsketten von Röhricht- (rechter Teil) und Sumpfwiesenbiotopen (linke gestrichelte Felder) (nach TISCHLER)

der genannten Eingriffe in die Ökologie der Landschaft treten Absinken des Grundwasserspiegels, Beschleunigung des Abflusses von Niederschlagswasser, Erosions-, Versteppungs- und Verkarstungserscheinungen auf, die nicht so bald wieder rückgängig zu machen sind und sich meist auch auf die zunächst nicht direkt betroffenen Teile der Kulturlandschaft recht ungünstig auswirken.

Forsten und Felder sollen Erträge bringen, werden intensiv bewirtschaftet und können deshalb meist nicht mehr als naturnahe Biotope bezeichnet werden. Wenn sie ohne Rücksicht auf ihre ökologischen und biozönotischen Beziehungen zu den übrigen Mosaikteilen der Landschaft bearbeitet werden, stellen sich unter bestimmten abiotischen Faktorenkonstellationen Katastrophen, wie z. B. Unwetterschäden und Schädlingsmassenvermehrungen, ein, die den effektiven wirtschaftlichen Nutzen stark herabsetzen oder überhaupt in Frage stellen.

Bereits die Entfernung der Streudecke aus den in der Nähe menschlicher Siedlungen gelegenen Wäldern hat für die Bodenfauna und die sich im Waldboden abspielenden Humifizierungsvorgänge schwerwiegende ökologische Folgen. Die Anzahl der in der Streu- und in der Bodenschicht enthaltenen Regenwürmer und Arthropoden sinkt auf ein Drittel ab. Die gleichen Wirkungen werden nach dem Abbrennen und nach Beweidung der Waldbodenflora beobachtet. In unbeweideten Waldparzellen fanden sich 8 Jahre nach der Einzäunung pro m^2 20 junge, selbstangesäte Bäumchen, im beweideten Gelände nicht ein einziges, und nach 10 Jahren war der Boden im Gehege von 124, die Weide von nur 61 Pflanzenarten bestanden.

Der Anbau der Kulturpflanzen in einartigen und gleichaltrigen Beständen, in sogenannten Monokulturen, hat wegen des Ausfalles vieler ökologischer Nischen zu einem Rückgang der Artenzahlen allgemein und zur Zunahme der Individuenzahlen einzelner, meist phytophager Arten geführt, deren Umweltansprüche in Monokulturen optimal erfüllt sind. Die Verarmung der Tierwelt in den Nutzpflanzenkulturen führt unter für bestimmte Schädlinge besonders günstigen Umständen zu deren Massenvermehrung und zwingt zur Anwendung synthetisch hergestellter chemischer Stoffe, die stets Breitenwirkung haben und nicht nur die zu bekämpfenden Schadinsekten treffen. Bei Bekämpfungsaktionen wird, wenn sie nicht selektiv angewendet werden, stets auch allen noch vorhandenen natürlichen Feinden der Schädlinge die Existenzgrundlage entzogen. In den Forsten werden in erster Linie Netzspinnen, Zikaden, Schlupfwespen, Dipteren sowie die Larven von Coleopteren und Lepidopteren vom Gift betroffen (vgl. S. 93), während Spinnmilben, Blattläuse und alle versteckt lebenden Arthropoden kaum beeinträchtigt werden und oft unmittelbar nach der Bekämpfung wegen des Fehlens ihrer natürlichen Gegenspieler Gradationen erkennen lassen. Am widerstandsfähigsten haben sich in Obstpflanzungen und auch in anderen Kulturen die Spinnmilben erwiesen. Bei manchen Schadinsektenarten kam es nach häufiger, routinemäßiger Begiftung innerhalb weniger Jahre zur Entstehung giftresistenter Rassen.

Obwohl Felder (s. S. 157) ihrer kurzen Rotationszeit wegen über das Initialstadium einer möglichen Sukzessionsfolge nicht hinauskommen und durch Ernte und Bodenbearbeitung stets wieder in dieses Stadium zurückversetzt werden, haben sie eine indigene Fauna mit Tierarten, deren Zyklus den agrotechnischen Maßnahmen angepaßt ist (Abb. 37). Solchen agrobionten Feldtierarten ist die große Zahl meist agrophiler Episiten und Parasiten zugeordnet, deren Zyklus nur zum Teil an den Ackerbiotop gebunden ist. Auch Feldern sind spezifische Ökosysteme eigen, die zwar ihre Selbstregulation weitgehend eingebüßt haben, trotzdem aber so lange ein funktionierendes System von besetzten Nischen in allen Straten und Horizonten aufweisen, wie dieses nicht durch radikale Eingriffe, etwa durch chemische Begiftungen, zerstört wird. Besonders deutlich werden die Verflechtungen im biozönotischen Konnex, wenn die Parasiten der wichtigsten Schädlinge bevorzugt zur Darstellung kommen (Abb. 35).

Mehrjährige Futterpflanzenkulturen haben, wie das für Luzernefelder bereits entwickelt wurde, ein Verknüpfungsgefüge der

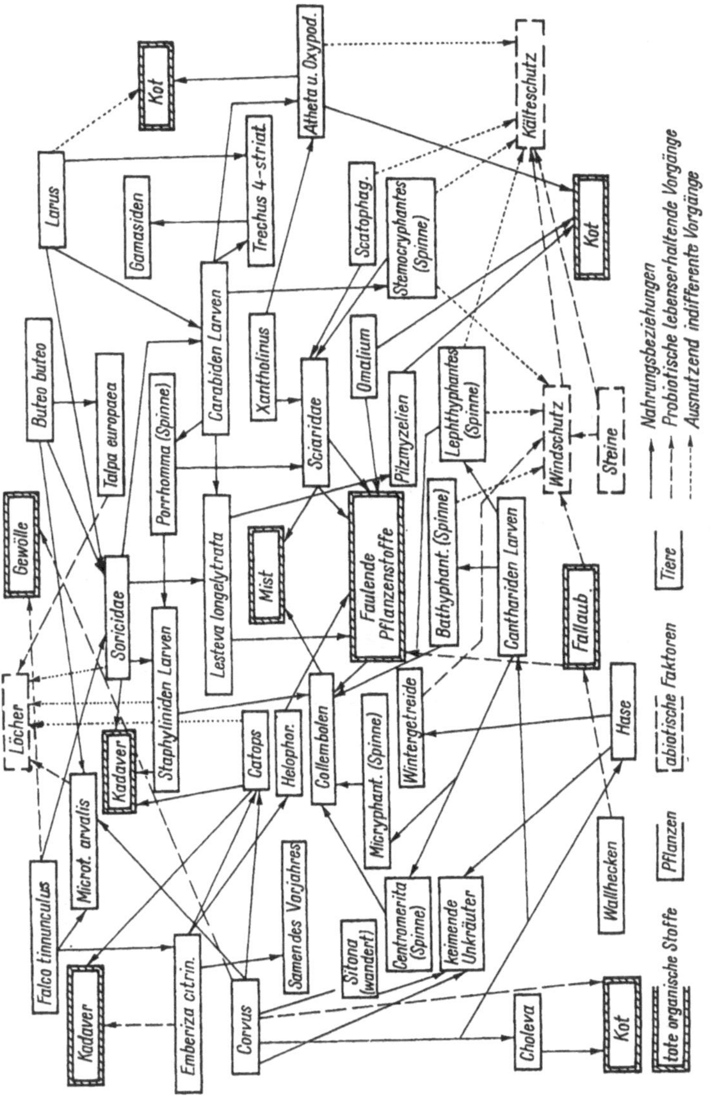

Abb. 37. Ökosystem eines Halmfrucht-Saatfeldes auf Lehmboden (Raum: Nordwestdeutschland, nach HEYDEMANN aus TISCHLER)

biozönotischen Faktoren, das zwischen demjenigen einjähriger Feldkulturen und Dauerwiesen steht. Wie eng das Netz gegenseitiger Beziehungen gezogen ist, zeigt sich besonders deutlich, wenn eine Schadinsektenfamilie herausgegriffen wird und ihre Bindungen an verschiedene Nahrungspflanzen aufgezeigt werden (Abb. 38).

Die Mehrzahl unserer Fließgewässer muß heute zu den naturfernen Biotopen gezählt werden, weil ihre Belastung durch Abwässer so hoch ist, daß sich die Prozesse der natürlichen Selbstreinigung nicht mehr auswirken

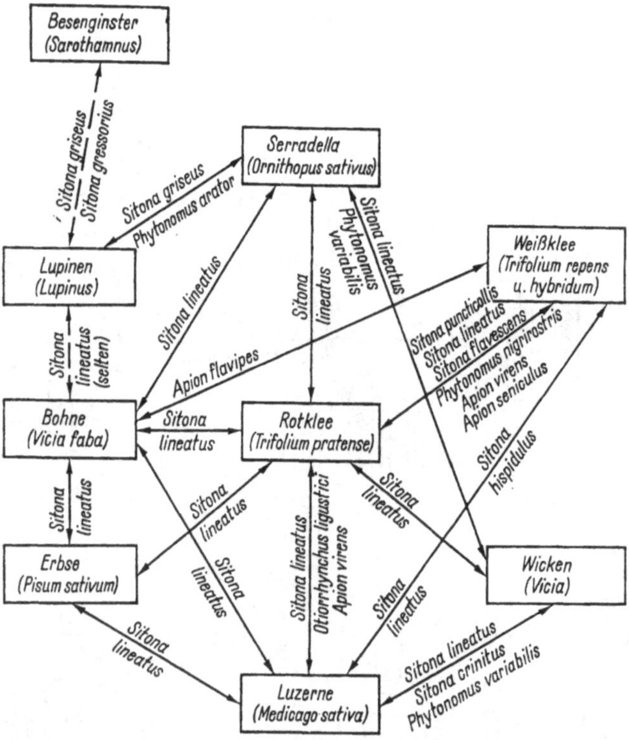

Abb. 38. Verkettung der Nahrungsbeziehungen bei Rüsselkäfern (Curculionidae) in Leguminosenkulturen (nach SCHNELL)

können. Eine solche ist nur möglich, solange dem Gewässer biologisch abbaubare Stoffe einschließlich bestimmter, in Industrieabwässern enthaltener Stoffe (z. B. Abwässer aus Schlachthöfen, Zucker- und Stärkefabriken) zugeführt werden. Abwässer der Großindustrie enthalten Schadstoffe, die biologisch überhaupt nicht oder nur in langen Zeiträumen abbaubar sind und darüber hinaus noch Giftwirkung haben. Die Einleitung solcher Stoffe bringt die Fauna der betroffenen Fließgewässer zum Absterben und schafft Verödungszonen in ihnen. Zwei Diagramme, welche die Wassertemperatur und den Sauerstoffgehalt darstellen, halten die Situation eines Flusses im sächsischen Raum fest (Abb. 39). Die Abwässer der kohleveredelnden Industrie führen der Pleiße im Mittel täglich 200000 m^3 stärkstens belastete und überwärmte Abwässer zu, die hinsichtlich ihres Schmutzstoffgehaltes nur mit den ungereinigten Abwassermengen einer Großstadt von 1,2 Millionen Einwohnern verglichen werden können.

Eine mindestens ebenso große Gefahr droht dem Grundwasser durch derartig verschmutzte Fließgewässer. Die normalerweise einsetzende Uferfiltration, die belebte und unbelebte Fremdstoffe am Versickern und am Eintritt in das Grundwasser verhindert, versagt bei einem Überangebot an Phenolen und anderen Abfallprodukten. Die natürliche Filtrationswirkung des Bodens wird auch durch die sehr schnell in ihn eindringenden Mineralöle (Benzin, Dieselkraftstoff und Heizöl), durch Müllsickerwässer und radioaktive Stoffe aufgehoben.

Zu den vom Menschen am stärksten veränderten Teilen der Kulturlandschaft gehören Bergbaugebiete. Durch das Tagebauverfahren beispielsweise wird in Braunkohlengebieten die Grundstruktur der Kulturlandschaft weitestgehend zerstört; es entstehen Standorte mit völlig veränderter ökologischer Wertigkeit. Die ursprünglichen Oberflächenformen mit Kulturboden und bodenständiger Vegetation werden durch Abraumhalden, Tagebaurestlöcher und Ödland ersetzt. Als besonders schwer-

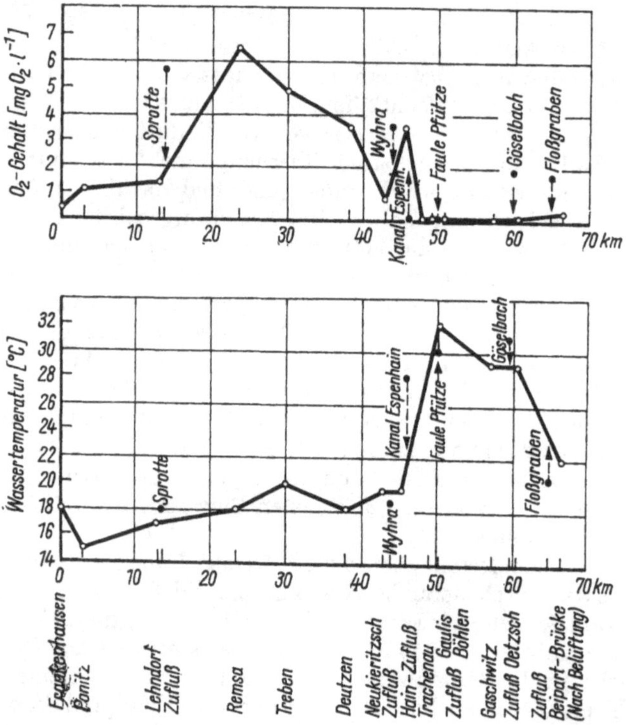

Abb. 39. Temperatur- und Sauerstoffgehalts-Längsprofil der Pleiße bei mittlerer Wasserführung
Werte der Zuflüsse durch ausgefüllte Kreise dargestellt (Raum Sachsen, Zustand 1963; nach VOGLER)

wiegend ist die mit der Abbauweise verbundene Grundwasser-Absenkung anzusehen.

Die Rekultivierung „ausgekohlter" Flächen ist im allgemeinen um so schwieriger, je weniger beim Kohleabbau auf standörtliche Belange Rücksicht genommen wurde. Ist Mutterboden auf die Kippenoberfläche aufgebracht worden, so bietet sich landwirtschaftliche Nutzung der Flächen an. Ohne Kulturbodenaufschüttung sind pleistozäne Abraummassen ausschließlich forstlich nutzbar zu machen. Aus tertiärem Material bestehende Flächen verleihen der Landschaft wegen ihrer Nährstoffarmut und Kulturfeindlichkeit über Jahrzehnte einen vegetationsfeindlichen, fast wüstenhaften Charakter. In diesen Rohböden ist Wasser häufig der bestimmende Mangelfaktor. Die Bodentiere der Pionierphase können Verdichtungen und im Boden enthaltener chemischer Substanzen wegen nicht in die Tiefe ausweichen und finden überdies nur sehr wenig Nahrung vor. Auch der Aufbau der epigäischen Tierwelt kommt deshalb nur sehr langsam voran.

Über Industrieballungsgebieten und Großstädten bilden sich durch Staub, Ruß und Abgase Dunstglocken in den unteren Luftschichten, welche die Sonneneinstrahlung während der Sommermonate um etwa 1/5, während des Winters um die Hälfte reduzieren. Wichtigster Schadstoff der Luftverunreinigungen ist das Schwefeldioxid, das von großen Werken täglich in Mengen bis über 400 t emittiert wird. Emissionen in solchem Umfang führen in der Umgebung der Werke zu erheblichen Rauchschäden in landwirtschaftlichen Kulturen und in den Wäldern. Besonders stark leiden Nadelholzforsten, die großflächig abgetrieben werden müssen und für die eine erneute Anpflanzung junger Bäume wirtschaftlich nicht tragbar ist. Im Ruhrgebiet sind 40000 ha Wald, in der DDR insgesamt etwa 200000 ha Waldfläche rauchgeschädigt. Die Anzahl der Tierarten geht in diesen Gebieten zugunsten einzelner Arten stark zurück, die, insoweit sie Forstschädlinge sind, überdurchschnittlich hohe Dichtezahlen aufweisen und zu Gradationen neigen.

Der arbeitende und siedelnde Mensch schafft sich eine eigene Umwelt mit spezifischem Eigenklima. Von offenen Siedlungen mit Gartenland über Stadtrandsiedlungen mit Grünanlagen führt die Entwicklung bis zu den extremsten Technotopen oder Biotopoiden der steinernen bzw. zementenen Häuserviertel und zum sterilen Fabrikgelände ohne oder fast ohne grüne Schaltflächen. An ihre Stelle treten Ruderalgelände, unbebautes Ödland oder nicht mehr bewirtschaftungsfähiges Unland sowie Müll- und Schutthalden. In diesen Technotopen bilden günstigenfalls Alleen, Parks und Friedhöfe grüne Streifen oder Inseln, in die Teiche, Tümpel und kleine Wasseransammlungen eingebettet sind, die dann den Charakter von Biochorien annehmen.

Auch Technotope bestehen aus Straten mit eigenen Stratoklimata und Horizonten mit horizontspezifischen Tierarten. In diesem Sinne sind die verschiedenen Etagen eines Großstadthauses einschließlich Keller- und Dachräumen zu verstehen, deren Faunen in den meisten Fällen noch direkte Beziehungen zum Freiland haben. Spinnen, Asseln und Schnecken sind an Feuchtigkeit, die in verarbeitetem Holz lebenden Insektenlarven und Textilschädlinge an trockene Wärme adaptiert. In mitteleuropäischen Material- und Vorratsspeichern, Mühlen und Bäckereien wurden 156 Coleoptera, 83 Diptera, 51 Hymenoptera (vorwiegend parasitische Formen), 26 Lepidoptera und weitere 91 Arthropodenarten festgestellt, von denen insgesamt bisher nur 7,6% nicht oder kaum im Freiland gefunden wurden. Unter den wärmeliebenden, an Fernheizanlagen gebundenen Hymenopteren hat die Pharao-Ameise (*Monomorium pharaonis*) an Bedeutung und Gelände gewonnen. Kläranlagen, Schlachthöfe und Abdeckereien haben ebenso ihre eigene, insbesondere von Dipteren bestimmte Fauna, wie die Kompostanlagen und Gewächshäuser der Gärtnereien, deren Tierwelt auch mit den Zierpflanzen eingeschleppte allochthone Arten einschließt.

4.4.3. Energiestufen und Biomasse

In allen natürlichen Biogeozönosen stehen Pflanzen am Beginn der Nahrungskette, sie bilden aus anorganischen Stoffen bei gleichzeitiger Energiebindung organische Substanz. Etwa 2/3 der gebundenen Energie werden für den Stoffwechsel, d. h. insbesondere für die Atmung verbraucht, der Rest dient der Mehrung der Biomasse. Tiere bilden die produzierte Primärbiomasse direkt (phytophage Arten) oder indirekt (epi- und parasitische Arten) um. Ihre toten Körper, Verdauungsreste und die abgestorbenen Pflanzen gelangen schließlich in den Boden, wo sie über Humuszwischenstufen für die Rückgewinnung durch die Pflanzen vorbereitet oder mineralisiert werden. Der Umfang der Primärproduktion großer Ökosysteme läßt sich berechnen; dabei zeigt sich, daß natürliche Fruchtbarkeit nur einem relativ begrenzten Teil der Biosphäre immanent ist (Abb. 40).

Die Jahreskotmenge vom Lumbriciden erreicht in Ackerland pro m² (im Mittel 41 Individuen) 2,2, in Grünland (97 Individuen) 5,2 und in Kompost (3000 Individuen) 540,0 kg. Auch Enchytraeiden reichern dieselben Medien mit beachtlichen Kotmengen an: 2000 Individuen

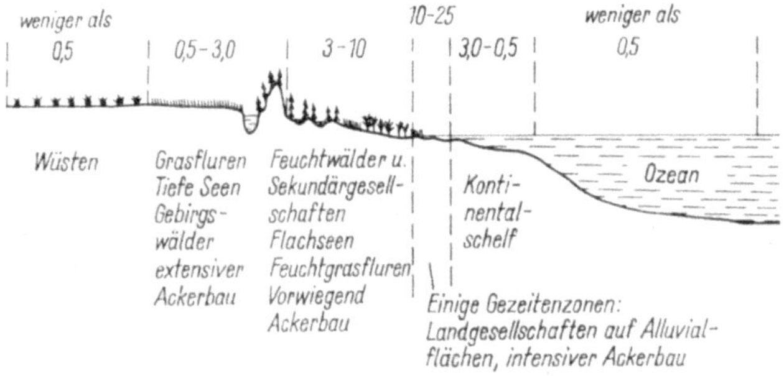

Abb. 40. Primärbruttoproduktion aller Ökosysteme in g Trockensubstanz pro m² und Tag (nach ODUM)

0,3 im Acker, 10500 Individuen 1,3 in Grünland und 90000 Individuen 64,8 kg im Kompost pro m² Fläche. Die in einem Quadratmeter Kompostmasse lebenden 125000 Collembolen produzieren im Jahr 225 cm³ Kotmasse. Diese für eine Bodenschicht von 10 cm angestellten Mittelwertberechnungen erfassen in Acker- und Gründlandboden etwa 80% aller enthaltenen Tiere, während für Kompost auf diese Weise höchstens 50% der vorhandenen Individuen angesetzt sind. Das gleichmäßigwarme Kleinklima des Kompostes erlaubt einen raschen Fortpflanzungsrhythmus der indigenen gegenüber der in Böden lebenden Arten.

Im Zusammenhang mit Untersuchungen des Land-Meer-Überfluges an den deutschen Küsten errechneten sich während der Hochsommerwochen etwa 4,5 Milliarden Insekten, die täglich auf einem 30 km breiten und 250 km langen Küstenstreifen landen. Wenn für jedes Fluginsekt ein Gewicht von 1 mg angenommen wird, ergibt sich eine

Biomasse von 4500 kg pro Tag oder 270000 kg für die beiden Monate Juli und August, die von hinter der Küste gelegenen Landbiozönosen produziert und diesem Küstenbereich als Beitrag zur Ernährung der ihm eigenen Fauna bereitgestellt wird. Diese Verluste an flugfähigen Landinsekten sind nur durch entsprechend hohe Reproduktionsraten in den terrestrischen Biozönosen auszugleichen.

An einem Hochsommertag wurden im Blütenhorizont eines Luzernefeldes auf 2 m² Fläche 331 Hymenoptera parasitica gekäschert. Auf 1 ha umgerechnet entspricht diese Zahl weit über 1,5 Millionen kleiner und kleinster Hautflügler, welche die Luzerneblüten während der Mittagsstunden umfliegen. Sicher waren ein erheblicher Teil dieser Tiere Männchen und nicht sämtliche Weibchen werden legebereit gewesen sein, dennoch läßt sich aus den Zahlen die große bestandesökologische Bedeutung eines warmen Sommertages für die Ausschaltung von Luzerneinsekten durch Parasitierung ableiten.

4.4.4. Ökologische Regelung und Landschaftsschutz

Das Gepräge einer Landschaft wird vom Mosaik ihrer Lebensräume oder Biogeozönosen bestimmt. Eingriffe in das Gefüge einer gesunden Landschaft sind stets mit Störungen des eingespielten Gleichgewichtszustandes und Strukturveränderungen verbunden. Je unbekümmerter und verantwortungsloser der wirtschaftende Mensch in den Landschaftshaushalt eingreift, desto schwerer sind die Folgen, wie zahlreiche Beispiele der Versteppung und Verkarstung in allen Teilen der Welt erkennen lassen. Mit der Pflanzendecke sind in solchen Gebieten die fruchtbaren Bodenschichten und ein großer Teil der einstmaligen Tierwelt verschwunden.

In stark beanspruchten Kulturlandschaften, d. h. in Gebieten mit intensiver forst- und landwirtschaftlicher Nutzung bedarf es heutzutage umfassender Analysen aller in geschichtlicher Zeit entstandenen Schäden und gründlich durchdachter Maßnahmen zur Verhinderung neuer Störungen ihrer an sich bereits stark veränderten ökologischen Gesamtsituation. Naturnahe Landschaftsteile müssen den Charakter der relativen Ungestörtheit unbedingt behalten, und der Bewirtschaftung unterliegende naturferne Flächen dürfen nicht weiter zu Technotopen degradiert werden. Wie stark die Zerstörungen in das Landschaftsbild bereits eingreifen, zeigen Bergbaugebiete mit vollmechanisiertem Tagebaubetrieb, die Verschmutzung natürlicher Gewässer und die Verunreinigung der Luft durch die Industrie. Für künftige Generationen gilt es, den Erholungswert der Kulturlandschaft zu erhalten. Im Augenblick entsteht gelegentlich der Eindruck, als müßten die letzten natürlichen Ressourcen vor dem unvernünftig handelnden Menschen geschützt werden.

Landschaftsschutz bedarf im Sinne eines umfassenden Lebensschutzes einer soliden ökologischen Grundlage. Von Bestandsaufnahmen der Tier- und Pflanzen-, arten ausgehend (Inventarforschung) erarbeiten Pflanzen- Tier- und Humanökologie eine Zusammenschau (Synopsis) der Wirkungen und Verflechtungen aller abiotischen und biotischen Faktoren. Wesentliche Aufgaben wird die „Lehre vom Haushalt der Natur“ als lenkende und koordinierende Grundlagendisziplin aller naturwissenschaftlichen und technischen Ausbildungs- und Forschungsgebiete in prophylaktisch-beratender Tätigkeit finden. Es gilt, historische Schäden richtig einzuschätzen, Mittel und Wege für deren Beseitigung vorzuschlagen und neue, mit der zunehmenden Technisierung und Automatisierung auftretende Gefahren für unsere natürliche Umwelt rechtzeitig zu erkennen und zu verhüten.

Prophylaktische und hygienische Maßnahmen bestimmen im wesentlichen den Inhalt des Programmes ökologischer Regelungen in der Landschaft. Die in den voraufgehenden Kapiteln angeführten Beispiele beweisen in vielfältiger Weise die Verflechtungen der Ökosysteme untereinander. Es geht nicht mehr an, Tiere und Pflanzen nur deswegen „auszurotten“, weil sie keinen Nutzen oder unter bestimmten, meist vom Menschen verschuldeten Umständen Schaden bringen. Aufgabe der ökologischen Regelung ist es, die Populationsdichten der Schädlinge in wirtschaftlich tragbaren Grenzen zu halten. Auch „Unkräuter“ und „Unhölzer“ stehen in einem festen biozönotischen Konnex zur übergeordneten Lebensgemeinschaft. Ihre Blüten bieten den Imagines entomophager Hymenopteren und deren Ausweich- und Nebenwirten Nektarnahrung, ihr Laub wird vom Wild verzehrt. Durch Streunutzung und Waldweide, durch Beseitigung von Feldrainen, Hecken und Feldgehölzen wird den meisten nützlichen Tierarten der Nahrungs- und Überwinterungsraum genommen und die natürliche Regelung von Schädlingsvorkommen unterbunden.

Zur ökologischen Regelung der Landschaft gehören auch die Erhaltung hygienisch einwandfreier Grund- und Trinkwasserreserven, standortsgemäßer Pflanzen- und Baumbestände sowie der Schutz aller freilebenden Tiere

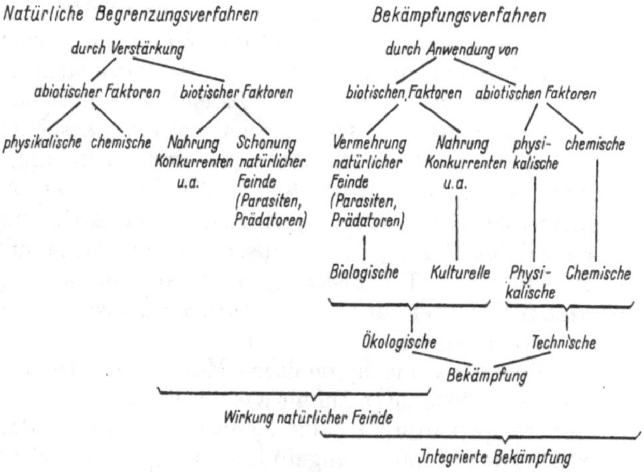

Abb. 41. Übersicht der Begrenzungs- und Bekämpfungsverfahren als Voraussetzung für die integrierte Bekämpfung von Schädlingen (verändert nach FRANZ)

in ihren natürlichen Refugien oder naturnahen Biotopen vor routinemäßig durchgeführten chemischen und anderen unbiologischen „Bekämpfungs"-Verfahren. Die ökologische Regelung setzt an ihre Stelle natürliche Begrenzungsverfahren und lehnt alle Formen der Anwendung „unbewältigter Technik" kategorisch ab (Abb. 41). Dies schließt selbstverständlich die Anwendung moderner Formen der Nutzung aller natürlichen Güter zum Wohle der Menschheit nicht aus, wenn im ureigensten Interesse der Menschen bestimmte Grenzen der Verwendung chemisch-technischer Mittel eingehalten werden und diese nicht zur Vernichtung organismischen Lebens führen, sondern zu seiner Erhaltung beitragen. Als gegenwärtige Mindestforderung gilt eine sinnvolle und lebenerhaltende Kombination gezielter Bekämpfungsmaßnahmen mit selektiv wirkenden chemischen Mitteln bei weitestgehender Schonung aller neutralen und nützlichen Tierarten. Die sogenannte integrierte Bekämpfung nimmt in gewissem Umfang auf biologische Belange Rücksicht und kann deshalb als Vorstufe der ökologischen Regelung betrachtet werden.

5. Literaturverzeichnis

Ellenberg, H.: Vegetation Mitteleuropas mit den Alpen in kausaler, dynamischer und historischer Sicht. Stuttgart, 1963.
Geiler, H.: Allgemeine Zoologie. 3. Aufl., Leipzig 1968.
De Lattin, G.: Grundriß der Zoogeographie. Jena, 1967.
Schwerdtfeger, F.: Autökologie. Hamburg und Berlin, 1963.
Schwerdtfeger, F.: Demökologie. Hamburg und Berlin, 1968.
Tischler, W.: Synökologie der Landtiere. Stuttgart, 1955.
Tischler, W.: Agrarökologie. Jena, 1965.

6. Stichwortregister

Abbrennen 165
Abdeckereien 172
Abraumhalden 169
Abundanz 80
Abundanzdynamik 83
Abundanzmaxima 120
Abundanzschwankungen 79
Abwässer 133, 169
Ackerbiotop 166
Ackerboden 120
Advektion 22
Ährenhorizont 111
Aeroplankton 22
Aestivation 18
Agrofauna 113
Aktionsradius 68, 105, 119
Aktionsraum 68
Aktivitätsdichte 80, 113
Aktivitätsdepression 147
Aktivitätsmaximum 147
Aktivitätsphasen 147
Aktivitätszeiten 82
Altbestände 90
Altersaufbau 65
Alterstod, physiologischer 64
Altholzschirm 95
Alpenseen, oligotrophe 125
Ambrosiakäfer 36
Ambrosiapilze 36
Ameisenfresser 33
Ananasgallen 36
Anabiose 14, 20
Analsekret 57
Antarktika 18
Antibiose 51
Areale 75
Arealerweiterungen 72, 74, 79
Arealgrenzen 75, 76
Arktis 18
Arten, allopatrische 78
—, allochthone 172
—, anadrome 25
—, geoxene 109
—, katadrome 25
—, perennierende 131
—, polyvoltine 83
—, sessile 126
—, sympatrische 78
—, thalassobionte 153
—, thalossoxene 153
—, tychozöne 137
—, xenozöne 137
—, zirkumboreale 76
—, zirkumtropische 76
Artenmosaik 88
Artgenossenverbände 50
Aspekte, jahreszeitliche 149
Aspektfolge 147, 149
Auböden 32
Auenwälder 161
Aufwindschläuche 22
Ausbreitung, anemochore 22
Ausbreitungsverhalten 70
Ausbreitungszentren 79
Ausweichwirte 176
Ausweichzüge 71

Bakteriensymbionten 58
Bakteriosen 62
Balzflüge 53
Baumgrenze 76, 140
Baumsaftausscheidung 36
Baumrinde 142
Baumstubben 135, 142, 153
Begrenzungsverfahren, natürliche 177
Bekämpfung, integrierte 177
Bekämpfungsaktionen 166
Benthal 125
Bereiche, lenitische 126
—, lotische 126
Besiedlungskreislauf 146
Bestand, eiserner 21, 85
Bestandsklima 114
Bestandslücken 95
Bestandsränder 95
Beringung 70
Beweidung 165
Beutelgallen 35
Beutetierangebot 120
Beutetierspektrum 38
Beziehungen, probiotische 56
—, symbiotische 57
Binnengewässer 125
Binsengürtel 126
Biochorion 69, 89, 135
Biogeozönosen 88
Biom 89
Biomasse 172
Biophage 33
Bioregion 89
Biotopbindung, relative 117
Biotope, einschichtige 90
—, natürliche 158
—, naturferne 163
—, naturnahe 158
Biotopoide 157, 163
Biozönosen 87, 89
Blattfresser 33
Blattlausställe 56
Blattminierer 163
Blattrosetten 111, 139
Blütenhorizont 111
Blütennektar 36
Blütenpollen 36
Blutsauger 33
Bodenbearbeitung 122
Bodenbearbeitungsmaßnahmen 120, 157
Bodenfräse 124
Bodenkrume 123
Bodenluft 24
Bodenmüdigkeit 124
Bodenverdichtung 122
Böden, semiterrestrische 31
Brackwasserbereich 25
Brauchwasser 130
Braunwasserseen 28, 128, 129
Brautgeschenke 53
Brutbeutel 54
Brutehe 53
Brutfürsorge, providente 54
Brutkolonien 55
Brutpflege 54
Bruttaschen 54
Buchenwälder 159

Carabidenlarven 119
Cecidozoen 35
chassé 63
chasseur 63
Choriozönose 89
Chorologie 75
crowding-effect 52
Cuticula 20

Darmparasiten 30
Darmpassage 110
Darmschmarotzer 31
Dauerehe 53
Dauergrünland 120

Dauerparasitismus 61
Dauerwiesen 168
Degenerationstypus 85
Deiche 143, 156
Detriusfresser 139
Diapause 10
Diapausepuppen 11
Dichtebereich, mittlerer 80
Dickungen 90
Diffusionsoxybiose 127
Dispersion 65
Distanztiere 50
Distribution 65
Ditrophie 45
Dormanzperioden 9
Drift, organische 146
Drohnenbrütigkeit 45
Duftgefälle 22
Duftqualitäten 22
Dunginsekten 136
Dunstglocken 171
Dy 129

Edaphon 107
—, fodentes 109
—, natantes 109
—, serpentes 109
—, sessiles 109
Eiablageperiode 66
Eichenmischwälder 159
Eichenwälder 159
Eifürsorge 53
Einbürgerungen 75
Eindeichung 73
Einzelgänger 49
Eiparasiten 60
Eiüberwinterer 82
Ektoparasiten 34
Elternfamilien 54
Emissionen 171
Endogaion 86
Endooxybiose 127
Endoparasiten 30
Endophytoparasiten 34
Endphase 153
Endstadium 157
Energiestufen 172
Entökie 51, 56
Entomoparasiten 60
Entomophage 33
Entwicklungsdauer 17
Entwicklungsgeschwindigkeit 17
Entwicklungsnullpunkt 17
Entwicklungsstadium 8
Epidemien 62
Epigaion 24, 86
Epilimnion 26, 130
Episiten, agrophile 166
Episitie 51, 63
Episitismus 63
Epökie 51, 56
Erholungswert 175
Erlenbruchwald 156
Ernährungsweisen 33
Erosionserscheinungen 165
Ersatzwirte 59
Erstsiedler 154
Euedaphon 109
Eulitoral 143
Eurythermie 16
Eustasie 158
Eutrophierung 130
Evaporation 96, 103
Exkremente 120
Exuvien 120

Faktoren, abiotische 9
—, dichteabhängige 81
—, dichtebestimmende 80
—, dichteunabhängige 80
Faktorengefälle 90
Fallaub 130
Faltengallen 35

Faltenminen 35
Familienaggregationen 55
Fangtrichter 21
Faulschlamm 28, 129
Faulstofftiere 138
Fauna, epigäische 104
Faunenübergangsbereiche 140
Faunenverfälschung 74
Feinhumus 108
Feinmoder 108
Feldbiozönosen 157
Feldgehölze 142, 176
Feldhecken 142
Feldraine 140, 142, 176
Feldtierarten, agrobionte 166
Fensterfraß 108
Fermentationsschicht 108
Fernüberwinterer 13, 142
Fertilität 66
Feuchtetoleranz 19
Feuchtigkeitsgehalt 19
Feuchtluftwälder 158
Feuchtsandhorizont 126
F-Horizont 108
Fichtenreinbestand 91
Filzgallen 35
Fischfresser 33
Flachmoor 32, 156
Flächen, vegetationslose 154
Fliegen, schizophore 20
Fliegenlarven, koprophage 136
Fließgeschwindigkeit 30
Fließgewässer 29, 132, 144
Fließgleichgewicht 158
Fließwasserbewohner 146
Fließwassertiere 30
Flucht 48
Fluktuationen 82, 84
Flußauen-Schwemmböden 161
Förna 31, 108
Folgeparasiten 36
Fortpflanzungsbiotope 57
Fortpflanzungsgemeinschaft 65
Fortpflanzungstätigkeit 66
Fortpflanzungsrhythmus 173
Fortpflanzungszüge 71
Fortpflanzungszyklus 17
Freibrüter 159
Freiwasserregion 125
Fruchtbarkeitsrate 49
Frühjahrsarten 82
Frühjahrsüberschwemmungen 161
Frühjahrsumbruch 123
Frühjahrs-Vollzirkulation 26
Frühlingsarten 115
Frühlingsflora 95
Frühtreiber 161
Futterbetteln 58
Futtersaftdrüsen 45

Gallenerzeuger 35
Gangminen 35
Gebüschreihen 140
Gedrängefaktor 52, 86
Gegenangriff 48
Gelegenheitsnahrung 36
Gelegenheitswirte 60
Generationenzahl 82
Generationsfolge, nichtfixierte 83
Geoelemente 88
Geohelminthen 59
Gesangsbeginn 9
Geschlechterverhältnis 66
Geschlechtsbestimmung 12
Geschlechtsreife 44
Gesellungen 49
—, temporäre 50
Gesteinsböden 154
Gesundheitsschädlinge 75
Gesundheitszustand 66
Gewöll 38
Gezeitenbereich 156

Glazialrefugien 79
Gleichgewicht, biozönotisches 158
—, dynamisches 87
Gleyschichten 32
Gradationen 84, 161
Grasheidebiozönose 155
Grenzbereiche 140
Grenzdichte 80
Grobmoder 108
Großfamilien 55
Großklimaänderungen 79
Großraumwanderer 71
Grundfische 129
Grundwasser 134
Grundwasserabsenkung 170
Grundwasserböden 31
Gruppeneffekte 52
Gruppenverhalten 67
Gyttja 31, 127

Haarallen 35
Habitate 65, 90
Haemophage 33
Haftnäpfe 57
Haftstiele 57
Halbkulturlandschaft 157
Halmhorizont 111
Harzausscheidung 36
Hauptnahrung 38
Hauptwirte 59
Haushaltabwässer 26
Hecken 176
Hefesymbionten 58
Heizsprung 17
Herbivore 33, 34
Herbstarten 82, 115
Herbst-Vollzirkulation 27
Heterothermie 18
Hibernation 18
Hiemalgesellschaft 104
Himmelslicht, polarisiertes 14
Hochmoor 32
Hochmoor-Humusgewässer 132
Hochwald 156
Höchstalter 64
Höhenstufe, nivale 88
—, subnivale 88
Höhlenbrüter 159
Holzfresser 33
Homoiotherme 18
Horizontaldispersion 124
Horizontalstrukturen 135
Horizonte 69
H-Schicht 108
Humanökologie 175
Humifizierungsprozeß 153
Humifizierungsvorgänge 156
Humusstoff-Schicht 108
Hungerdiät 44
Hungerformen 42
Hungerraupen 44
Hungervermögen 42
Hygrotaxis 20
Hylaealandschaftstyp 158
Hymenopteren, entomophage 176
Hypolimnion 26, 130
Hypolithion 139
Hypophysen-Nebennieren-rinden-System 86

Imaginalparasiten 60
Imagoüberwinterer 82, 115
Immunität, angeborene 61
—, parasitäre 61
Individualterritorium 50
Individualverhalten 67
Industrieabwässer 26
Industrieballungsgebiete 171
Initialstadium 153
Insectivore 33
Insekten, nektarsaugende 111
—, soziale 55

Insektenart, bivoltine 84
Insektenfresser 33
Interferenz 81, 106
Interzeption 91
Intoxikationseffekte 62
Invasion 71
Invasionsvögel 71
Inventarforschung 175
Invertzucker-Methode 96
Isepiptesen 151
Isohygren 76
Isoplethen 91
Isothermen 76
Isotonie 26

Jahresablauf, phänologischer 15
Jahresmitteltemperatur 118
Jahresniederschlagsmenge 118
Jahreszeitenaspekte 147
Juli-Isotherme 77

Kältestarre 15
Kältetod 15
Kahlhiebe 163
Kahlschläge 95, 100, 156
Kahlschlagarten 157
Kahlschlagflora 156
Kampfzonen 140
Kannibalismus 86
Karnivore 33
Karpose 56
Kartoffelfelder 116
Kastenbestimmung, trophogene 34
Kastration, parasitäre 62
Klarwasserseen 28
Kernholz 154
Kläranlagen 172
Kleinareale 137
Kleinstgewässer, temporäre 131
Kleinsthöhlen 122
Kleinvogelnester 142
Klimabereich, atlantischer 117
Klimaxphase 153, 155
Klimaxstadium 157
Köge 73
Körnerdepot 56
Koinzidenz 43
Kollisionseffekt 106
Kolonisationsflüge 146
Kommensalismus 51, 56
Komplexgallen 36
Konkurrenz 81
—, intraspezifische 44
Konkurrenzkämpfe 47
Konstitution 8, 67, 85
Konstitutionsschwächung 67
Konsumenten 87, 110
Kontaktbedürfnis 50
Kontakttiere 52
Konvektion 22
Koprophage 33
Koprophagie 37
Kortikosteroidspiegel 61
Kosmopoliten 75
Kotmengen 173
Krautfresser 33
Krautstratum 100
Kronenprojektion 96
Kronenraum 91
Kronenschluß 95
Kronenschlußphase 91
Küstendeichbau 73
Kuhfladen 136
Kulminationskrise 85
Kulminationspunkt 84
Kulturbodenaufschüttung 170
Kulturlandschaft 157

Laichwanderung 146
Landböden 31
Landmollusken 20
Landschaftshaushalt 174

Landschaftsökologie 174
Landschaftsschutz 175
Landtierbevölkerungen 65
Larvenparasiten 60
Larvenüberwinterer 82, 115
Latenzphase 84
Laubmischwälder, naturnahe 161
Laubwald, sommergrüner 158
Lebendsubstanzfresser 33
Lebenserwartung, mittlere 64
Lebensformtypen 94, 100
Lebensmittelvorräte 37
Lebensschutz 175
Legeleistung 46
L-Horizont 108
Letalfaktoren 85
Leuchtkäfer 12
Lichtgenuß 96
Lichtungsarten 157
Limnopsammal 126
Litoraeabiozönosen 157
Litoral 125
Littorina-Zeit 79
Lochfraß 108
Lückensystem, hyporheische 30
Luftdruck 24
Luftelektrizität 24
Luftgehalt 122
Luftströmung 22
Luftsegler 112
Lufttiere 6
Luzernebestand 113

Männchenvitalität 85
Mäusejahr 46
Maikäferjahre 82
Mahd 114, 151
Mahdwiesen 120
Mangelernährung 42
Mantelgallen 35
Markgallen 35
Marsupium 54
Massenvermehrungen 84
Massenwechsel 84
Maßnahmen, agrotechnische 166
—, prophylaktische 175
Maximum 7
Meernekton 128
Merochorien 89, 137
Merochoriozönose 89, 137
Merotope 89, 137
Merozönosen 89, 137
Mesofauna 122
Mesopsammal 134
Metalimnion 26, 130
Migrationen 70
Mikroerosion 122
Mikrofauna 122
Mikroflora 136
Mikrokavernen 109, 122
Mikroklima 89
Mikrorelief 102, 114
Mikrostenotopie 90
Milchnahrung 39
Mimese 48
Mimikry 48
Mindestdistanz 50
Minenbildung 34
Minimalumwelt 6
Minimum 7
Minus-Pessimum 7
Mitteltemperaturen, effektive 96
Mondlicht 12
Monokulturen 165
Monophagie 37
Moorseen 129
Moorwiese 156
Moorschicht 100
Morbidität 66
Mortalität 67
Mortalitätsgrenze 19

Müllhalden 171
Müllsickerwasser 169
Mull 33
Mulm 154
Mutterfamilie 54
Muttergestein 109
Muttermilch 46
Mycetophage 33
Mykosen 62
Myrmekophage 33

Nadelholzmonokulturen 158
Nährwert 42
Nährwertvalenz 43
Nahorientierung 41
Nahrungsangebot 45
Nahrungsbedarf 42
Nahrungsketten 157, 172
Nahrungsmangel 42
Nahrungsmenge 42
Nahrungsraum 176
Nahrungswechsel 39
Nannoplankton 39
Natalität 66
Naturreservate 163
Naturverjüngung 95
Naturwiesen 120
Nebennahrung 38
Nebenwirte 59, 161, 176
Nekrophage 33
Nektardepot 56
Neubesiedlung 72
Neuston 131
Niederschlagsgebiet, mitteldeutsches 117
Niederschlagsmenge 96
Nische, ökologische 6, 101
Nistmaterial 139
Notnahrung 38

Oberboden 108
Oberfläche, austauschaktive 114
Oberflächenhäutchen 131
Ödland 169, 171
Ökoklima 89, 114
Ökosysteme, limnische 144
—, terrestrische 86, 157
Oligophagie 37
Oszillationen 82, 83
Oszillationskurve 83
Ovipositor 41

Paarbildung 69
Pantophagie 37
Parapause 10
Parasitie 51, 58
Parökie 51
Passierbarkeit 114
Pathogenie 58, 62
Pejusbereich 7
Pelagial 125
Periphyton 126
Pflanzen, heliophile 140
Pflanzengesellschaften 87
Pflanzensaftsauger 111
Pflugsohle 123
Pharyngealdrüsen 45
Phasen, pflanzenphänologische 150
Phasenkoinzidenz 161
Phasenverschiebung, witterungsbedingte 161
Pheromon 45
Phoresie 56
Phoresieverhalten 57
Photomenotaxis 13
Photoperiode 9
Phototaxis, negative 13
Phyllophage 33
Phytal 126
Phytedaphon 110
Phytepisiten 34
Phytoparasiten 34
Phytophage 33

Phytoplankton 28
Phytosaprophage 36
Phytotelmen 30, 132
Phytozönose 89
Pilze 138
Pilzbiochorien 138
Pilzfresser 33
Pilzgärten 36, 56
Pilzmücken 12
Pionierbiotope 157
Pionierpflanzengesellschaft 155
Pionierstadium 153
Pioniertierarten 155
Piscivore 33
Planktonwolken 128
Platzminen 35
Plus-Pessimum 7
Polyphagie 37
Population 65
Populationsdepressionen 123
Populationsstruktur 65
Potamobenthos 146
Potamon 144, 146
Potamonekton 146
Potamoplankton 146
Porenvolumen 122
Potenz 7
Prädatoren 37
Präferenzspektra 105
Primärbiomasse 172
Primärkonsumenten 128
Primärproduktion 27
Primärproduzenten 128
Primärschädlinge 36, 161
Primärsukzession 156
Primärzersetzer 110
Probiose (Karpose) 51, 56
Prodiapause 11
Produzenten 87, 110
Profundal 127
Progradationsphase 84
Protozoonosen 62
Psammon 32, 126
Puppenparasiten 60
Puppenüberwinterer 82

Quellregion 29
Quieszenz 10

Randeffekt 140
Rauchschäden 171
Raumfülle 101
Raumstrukturen 89
Raumwiderstand 101, 114
Reduzenten 87, 110
Refugien 79, 177
Regelung, ökologische 158, 174, 175, 177
Regenerationsfraß 66
Regenstärke 102
Regenwurmbesatzdichten 124
Regressionen 79
Reifungsfraß 40, 45
Rekultivierung 170
Relationen, heterotypische 47
—, homotypische 47
Reliktarten 79
Restareale 79
Retrogradationsphase 84
Reviere 68
Rhithrobenthos 144
Rhithron 144
Rhithronekton 144
Rhithroplankton 144
Rhizosphäre 110, 123
Rhythmik, tageszeitliche 147
Rindentemperaturen 94
Rindenstruktur 94
Rinderkot 135
Röhrichte 163
Röhrichtsaum 131
Rohboden 109, 154
Rohhumus 33, 108
Rückzugsgebiete 79

Ruderalgelände 171
Ruderalstellen 142
Ruhigwasserbezirke 30

Saatfurche 123
Sättigungsdefizit 19
Salzgehalt 25
Salzgewässer 132
Sapropel 31, 129
Saprophage 33, 111
Saprophagie 37
Saproxylophagen 36
Sauerstoffschwund 127
Sauerstoffverbrauch 27
Saumbereiche 140
Schädlingsmassenvermehrungen 165
Schälfurche 123
Schattenpflanzen, obligate 96
Schilfgürtel 126
Schlachthöfe 172
Schlafplätze 70
Schlagwälder 90
Schlupfverzögerung 146
Schlüsselreize 40, 41
Schlupfsterblichkeit 85
Schmarotzertum 58
Schmutzstoffgehalt 169
Schreckstellung 48
Schrecktrachten 48
Schutthalden 171
Schwächeparasiten 36
Schwänzelläufe 14
Schwefeldioxid 171
Seen 125
—, dystrophe 129
—, eutrophe 125
Seenekton 127
Seen, oligomiktische 28
Seeplankton 127, 131
Seentyp, dimiktischer 28
Seenverlandung 156
Sekundärkonsumenten 128
Sekundärproduzenten 33
Sekundärschädlinge 159
Sekundärsukzession 156
Sekundärzersetzer 110
Selbstbehauptung 47
Selbstreinigung, natürliche 168
Selektionsdruck 85
Seuchen 62
Sexualkontakt 52
shock-disease-Syndrom 86
Sickerwasser 134
Silvaealandschaft 158
Skelettfraß 108
Sommeraspekt 151
Sommerstagnation 26
Sonnenkompaßorientierung 13
Sozialkontakt 50
Sozialsekret 45
Sozialverhalten 49, 50, 67
Spättreiber 161
Splintholz 154
Sproßgallen 35
Stadtrandsiedlungen 171
Stagnationsperiode 127
Stammabfluß 103
Stammraum 93
Standortklima 89
Stangenhölzer 90
Stangenholzalter 156
Staunässe 32
Stengelbohrer 163
Stengelhorizont 111
Stenohalinie 25
Stenophagie 40
Stenopotenz 7
Stenothermie 16
Steppen 76
Steppenböden 107
Stieleichen-Hainbuchenwälder 159
Stieleichen-Lindenwälder 159

Stimulation, soziale 52
Stoffe, radioaktive 169
Stoffwechselquotient 44
Strandanwurf 135, 144
Straten 69, 89
Stratozönose 89
Strauchstratum 94
Streudecke 165
Streuschicht 106
Strömungsschatten 30
Stygon 134
Stygonten 134
Subcorticalraum 154
Subelemente 88
Subitaneier 11
Substanzen, allotrophe 133
Suchschemata 40
Suchstimmung 41
Sukzession 36, 147, 153
Sukzessionen, primäre 154
Sukzessionsgesellschaft 136
Sumpfphase 156
Sumpfwiesen 163
Supralitoral 31
Symbiontophagie 36
Symbiose 51, 57
Symphilie 51
Synökie 51, 56

Tagebaurestlöcher 169
Tagebauverfahren 169
Tagesaspekte 147
Tagesperiodik 20
Tagesrhythmik 9, 147
Tag-Nacht-Rhythmus 134
Taiga 107
Talsperren 129
Tarntracht 47
Technochorien 157
Technotope 163, 171
Teiche 28, 130
Teichplankton 131
Territorialverhalten 68
Territorien 68
Textilien 37
Thanatose 48
Thermalgewässer 132
Tieffurche 123
Tierarten, eurychrone 149
Tierarten, faunenfremde 75
—, stenochrone 149
—, strukturunspezifische 139
Tiere, heliophile 140
—, ombrophile 139
Tierexkremente 135
Tiergemeinschaft, monospezifische 47
—, polyspezifische 47
Tierkadaver 135, 137
Tierleichen 137
Tiernester 135, 138
Tierwelt, endogäische 109
—, epigäische 109
—, euedaphische 109
—, hemidaphische 109
—, hypogäische 109
Ton-Humus-Verbindungen 108
Torfschlammseen 127
Torpidität 18
Totsubstanzfresser 33
Trägerbiozönose 137
Translokation 74
Trinkwasser 130
Trinkwasserreserven 176
Trinkwassertalsperren 130
Triungulinenlarven 57
Trophiegrad 28, 130
Trophobiose 58
Tropismus 8
Tümpel 28, 130
Tundren 76

Überflugintensität 24
Überflutungen 157

Überflutungsböden 31
Überlebensschance 67
Übernachtungsmerotope 147
Übertragungsmodus 58
Überwinterungsquartiere 70, 151, 176
Überwinterungsstätten 142
Uferbänke 156
Uferfiltration 169
Ufergenist 135
Umbruch 122
Umwallungsgallen 35
Umwelt, ökologische 7
—, physiologische 6
Umweltwiderstand 81
Unhölzer 176
Unkräuter 176
Unland 171
Unterboden 108
Unterwasserböden 31, 32
Unterwassertorf 31
Unwetterschäden 165

Vagilität 68
Valenz 7
Vaterfamilie 54
Vektorenübertragung 62
Verbände, anonyme 50
Verbreitung, kosmopolitische 71
Verbreitungsgebiet, arktisches 88
—, boreales 88
Verdriftung 30, 74
Verdunstungsrate 19
Verfrachtung 22
Verhalten, helioregulatorisches 21
Verhalten, kryptisches 48
—, semantisches 48
Verkarstungserscheinungen 165, 174
Verlandungsböden 154
Verlegenheitsnahrung 38
Vermoderungsschicht 108
Verödungszonen 169
Verschleppung, passive 74
Versteppungserscheinungen 165, 174
Vertikalwanderungen 126
Verwilderung 74
Virosen 62
Viskosität 25
Vogelkot 138
Vogelnester 137, 139
Vollfrühlingsaspekt 151
Vollnahrung 39
Vorratsschädlinge 75
Vorzugsnahrung 38
Vorzugstemperatur 14

Wälder, sommergrüne 140
Wärmeregulation 16
Wärmestarre 15
Wärmesummenregel 17
Wärmetod 15
Waldbodenflora 100
Waldbodenoberfläche 102
Waldgrasstratum 100
Waldgrenze 76
Waldmantel 141
Waldmoor 156
Waldränder 140
Waldrandbiotope 140
Waldstreifen 142
Waldtümpel 130
Waldtümpel, ephemere 132
Waldweide 176
Wallhecken 142
Wanderfalter 71
Warmluftvorstöße 152
Warnfarben 46
Warntrachten 48
Wasserschicht, tropholytische 127

Wasserspeichervermögen 122
Wattböden 154
Wegböschungen 142
Wehrdrüsensekrete 48
Weidebiozönosen 136
Weidetiere 122
Werbeflüge 53
Wiedereinbürgerungen 75
Wiederfänge 70
Wildbienen 142
Winterhalmfrüchte 116
Winterstagnation 26, 27
Wirtschaftswälder 90
Wirtsdiapause 61
Witterungsvermögen 22, 41
Wüstenböden 107
Wurzelgallen 35

Xylophage 33

Zeitgeber, äußere 148
—, innere 148
Zeitehe 53
Zeit-Raum-Regulation 149
Zeitstrukturen 147
Zirkulationsrhythmus 28
Zooedaphon 110
Zooepisiten 37
Zooparasiten 37
Zoophage 33, 37
Zooplankton 29
Zufallswirte 60
Zwischenwirte 49, 59
Zoozönosen 87, 89

Der Verfasser

- gibt einleitend einen Überblick über die Grundlagen der Ökologie der Land- und Süßwassertiere

- erläutert die Dynamik der Land- und Süßwassertierbevölkerungen in ihren verschiedenen Erscheinungsformen

- behandelt die Strukturen und Verknüpfungen terrestrischer Ökosysteme unter besonderer Berücksichtigung von Raum- und Zeitbeziehungen

- wendet sich an Zoologen, Tierökologen, Biologen, Land- und Forstwirte

WISSENSCHAFTLICHE TASCHENBÜCHER

FSC
www.fsc.org
MIX
Papier | Fördert gute Waldnutzung
FSC® C083411

Kolibri 360 GmbH
Ferdinand-Jühlke-Straße 7
99095 Erfurt, Deutschland
produktsicherheit@kolibri360.de